Hello! C++程式設計

第三版

序

學習程式設計是在學習解決問題、系統化思考、邏輯推理，這些都是各領域和生活中不可或缺的能力。

許多人初學程式設計時，使用坊間的書籍，常遭遇很大的挫折，覺得寫程式好難，書又看不懂，尤其在學習 C 或 C++ 時。這是因為市面上相關的書籍常常是以手冊的模式撰寫，都以指令介紹為主，鮮少針對實際問題剖析解題策略，無法引導讀者有系統的思考解題方法。

筆者以多年的教學經驗，希望能讓初學者或想打好程設設計基礎的讀者，在此書引領下，培養出 C++ 程式設計的基本能力。本書包含下列特色：

1. 著重解題思考，書中的範例內含解題說明、程式碼、執行結果、程式解說、動動腦等元素，按部就班地引導電腦解題與程式設計的方法。
2. 包含大量各類型程式範例，讓讀者可以從實際解題中，熟練各種程式設計的邏輯與方法。
3. 使用圖形標註的方式來說明程式碼，有別於其他書籍使用註解的方式，讓讀者可以更直覺地了解重要程式片段的意義。
4. 大量使用圖形說明解題的步驟，讓讀者更能視覺化地明瞭解題的步驟。
5. 強調 C++ 語言的特性，使其更能發揮語言的特性。

一本書往往集合多人的努力，本書特別感謝陳瑞宜老師提出撰寫的方向，使得全書得以著重在電腦解題；感謝杜玲均老師建議增加相關內容，讓學生有多個不同層次的想法；感謝涂益郎老師協助全書校正，並指正原稿之謬誤，使章節內容更符合教學需求。

本書此次修訂內容包含增加「APCS 大學程式設計先修檢測」實作題中的基本題；增加向量 vector 等內容；並根據授課老師經驗與讀者意見，修正內容，使全書更符合學習與應試需求。

蔡志敏 20220906

下載說明

本書範例程式、習題解答請至 http://books.gotop.com.tw/download/AEL026300 下載，檔案為 ZIP 格式，請讀者自行解壓縮即可。其內容僅供合法持有本書的讀者使用，未經授權不得抄襲、轉載或任意散佈。

Chapter 01 第一個程式

Chapter 02 變數與常數

Chapter 03 運算式和運算子

Chapter 04　選擇結構

Chapter 05　重複結構

Chapter 06 陣列

Chapter 07 字串

Chapter 08 函數

Chapter 09 指標

Chapter 10 實例研究

CHAPTER 01

第一個程式

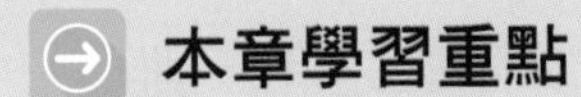

- 程式語言與 C/C++ 簡介
- 設計程式的環境
- 第一個 C++ 程式
- 程式除錯

1.1 程式語言與 C/C++ 簡介

1.1.1 程式語言簡介

使用電腦就一定會用到程式，而程式是以程式語言撰寫的，例如：作業系統、驅動程式、文書處理軟體、試算表、簡報軟體、瀏覽器等各種系統軟體與應用軟體，都是運用程式語言開發的，因此學習程式設計是學習電腦最重要的課程之一。

電腦硬體只認識機器語言（machine code），機器語言是由一長串 0 與 1 的組合，例如：圖 1-1 是某一電腦的機器語言程式，用來計算兩數之和。雖然機器語言程式執行效率最快，但不易閱讀，也不易撰寫。

```
00000 10011110
00001 11110100
00010 10011110
00011 11010100
00100 10111111
00101 00000000
```

圖 1-1 機器語言程式

為了使設計程式更簡單，程式更容易了解與維護，於是有高階語言（high-level language）的發展，如 C/C++、Java、Pascal 等。高階語言比較接近人類的語言，但它不能直接執行，必須透過編譯器（compiler）將程式轉譯成機器語言後，電腦才能執行。圖 1-2 是一個 C++ 程式使用編譯器轉譯後的部分機器語言。

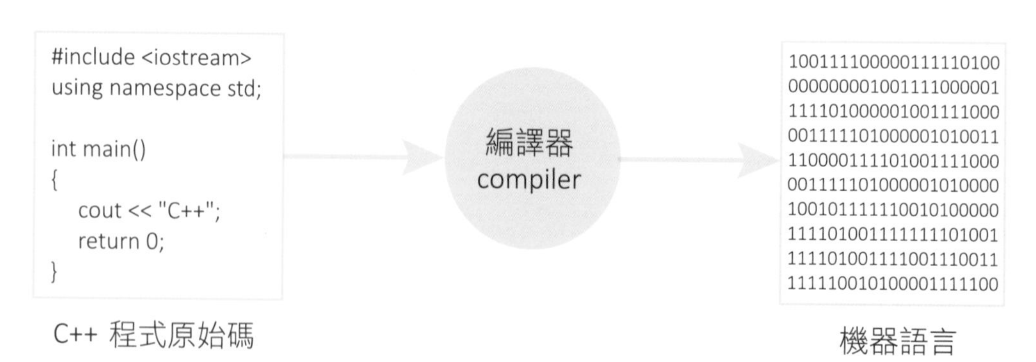

圖 1- 2 編譯器可將程式轉譯成機器語言

電腦語言可分為高階語言、中階語言、低階語言，機器語言屬於低階語言。各類程式語言的執行效率，以低階語言最快，中階語言次之，高階語言最慢。由於 C/C++ 可直接存取電腦的硬體資源，如記憶體、CPU 的暫存器等，因此常被分類為中階語言。

1.1.2 C/C++ 的發展

C 語言是丹尼斯 • 里奇（Dennis Ritchie）與肯 • 湯普森（Kenneth Thompson）在 1969 - 73 年，為了開發 Unix 作業系統，以 B 語言為基礎，在美國貝爾實驗室（Bell Labs）發展出來的程式語言。

C++ 語言則是由「C++ 之父」比雅尼 • 史特勞斯特魯普（Bjarne Stroustrup）在 1979 - 83 年，以 C 語言為基礎，發展出來的物件導向程式語言 OOP（object-oriented programming）。C++ 之名稱源自於 C 語言的遞增運算子 ++，表示是 C 語言的增強版。

C/C++ 的標準歷經多次演進（圖 1-3），美國國家標準局 ANSI 在 1989 年制定了 C 語言的統一標準，稱為 ANSI C，由於是在 89 年制定的，所以也稱為 C89。

ANSI C 在 1990 年被國際標準組織 ISO 納為國際標準，稱為 ISO C 或 C90。ANSI C 與 ISO C 兩種標準的內容基本相同。後來 ISO 分別於 1999, 2011, 2017 年頒布了 C99, C11, C17 等標準。

根據制定的年份，C++ 有 C++98, C++03, C++11, C++14, C++17, C++20 等版本。因為有不同的標準版本，撰寫 C/C++ 程式時，應注意新版本的語法未必能在舊版本的編譯器上執行。C++ 因為源自於 C，所以使用 C 設計的程式，基本上都可以用在 C++ 上。

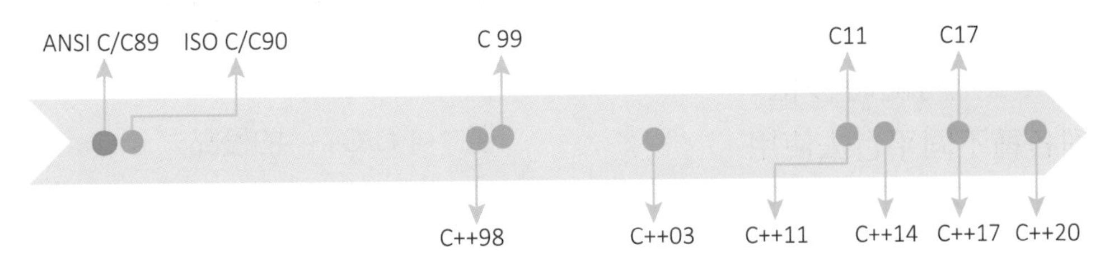

圖 1-3 C/C++ 標準的演進

1.1.3 為甚麼要學 C/C++

C/C++ 是資訊科學的基礎語言，也是許多軟體的開發語言，所以 C/C++ 程式設計是資訊人員重要的基本能力。不會 C/C++，就像數學不會九九乘法一樣。C/C++ 多種優點（圖 1-4），例如：

1. 是多種程式語言的母語

C#（C sharp）、JAVA、Python、PHP、JavaScript、Perl 等語言都是用 C 開發出來的，學會 C/C++，學習其他程式語言就更會容易。

2. 應用範圍廣，功能強

C/C++ 可用來發展作業系統、網路程式、應用軟體、遊戲軟體、手機軟體、嵌入式系統、單晶片程式等，也可應用於數學與工程運算、人工智慧等領域，應用範圍十分廣泛。

3. 具有較佳的執行效率

相較其他高階程式語言，C/C++ 能更接近電腦硬體，所開發之程式的執行效率會比其他高階語言好。

4. 高移植性

C/C++ 程式可在不同的系統間移轉，在 Windows、Mac、Linux、Unix 等系統上都能執行，具有高移植性，可隨時移植到各種不同平台去使用。

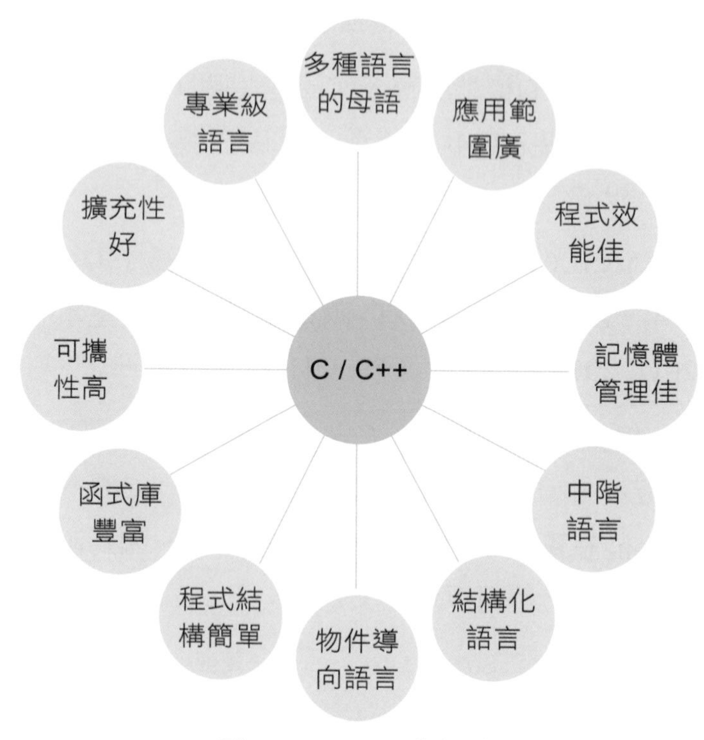

圖 1-4 C/C++ 的優點

1.2 設計程式的環境

1.2.1 程式設計的步驟

程式設計通常包含以下幾個步驟：

1. 分析所要解決的問題。
2. 設計解題步驟，也就是設計演算法（algorithm）。
3. 使用編輯器撰寫程式原始碼（source code）。
4. 將程式原始碼編譯成由機器語言組成的目的碼（object code），再使用連結器（linker）連結函式庫的目的碼檔案，產生執行檔。程式要執行時，再透過載入器（loader），將連結後產生的二進位程式碼，載入記憶體執行（圖 1-5）。

C++ 程式通常會引入內建函式，用以執行特定的功能，例如：在螢幕顯示訊息，或計算平方根等。連結器可將引入之函式的目的碼和程式的目的碼組合起來，產生可執行檔。

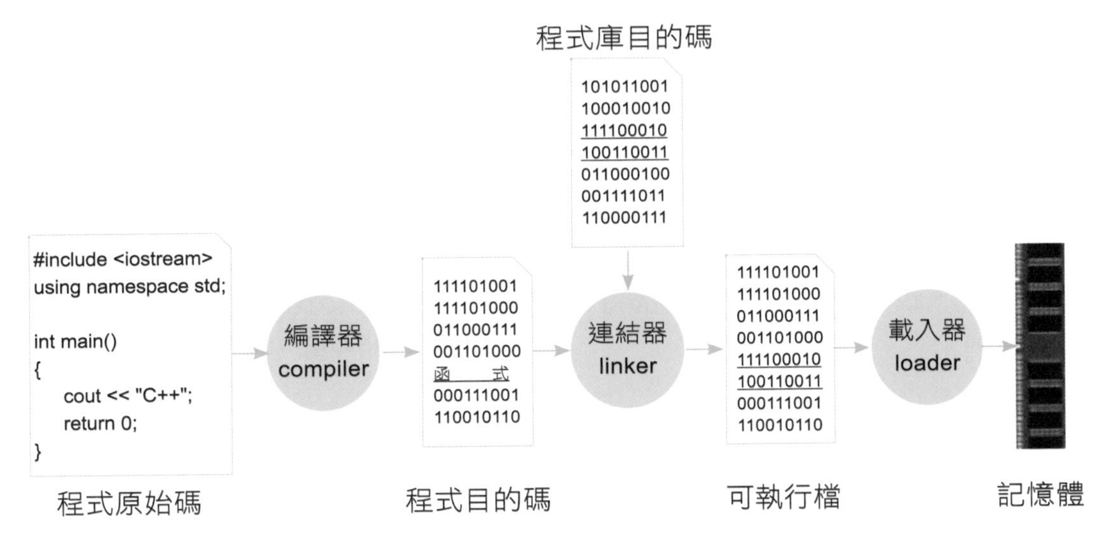

圖 1-5 C++ 程式產生可執行檔的過程

1.2.2 開發工具與編譯器

設計程式時，可使用純文字編輯器，如 Notepad++ 或記事本等，編寫程式原始碼後，再使用編譯器提供的指令模式，進行編譯與除錯。此外也可使用適合的整合開發環境 IDE（integrated development environment）工具。

IDE 是將開發程式所需的編輯器、除錯器、圖形界面等工具整合在一起。常用的 IDE 如

1. Dev-C++、Code::Blocks、Eclipse 等自由軟體。
2. Microsoft Visual C++（MSVC++）、C++ Builder 等商業軟體。

每種 IDE 所搭配的編譯器、函式庫、及適用的平台可能不同（表 1-1），其中 GNU 編譯器套裝 GCC（GNU compiler collection）是常用的編譯器之一。讀者可使用 Dev C++ 或 Code::Blocks，搭配 GCC 編譯器，作為本書的程式發展工具，這兩種工具都可以自行上網免費下載安裝。

表 1-1 各種 C++ 的整合開發環境及其適用之平台與可使用之編譯器

整合開發環境 IDE	適用平台	編譯器
Code::Blocks	Windows/Linux/Mac OS	GCC、MSVC++、BC++ 等
Dev-C++	Windows	GCC、MinGW 等
Visual Studio Express	Windows	MSVC++

撰寫程式前，可先設定編輯器，使其開新檔案時，自動插入 C++ 程式碼的「起手式」，也就是大部分程式都會用到的程式碼。

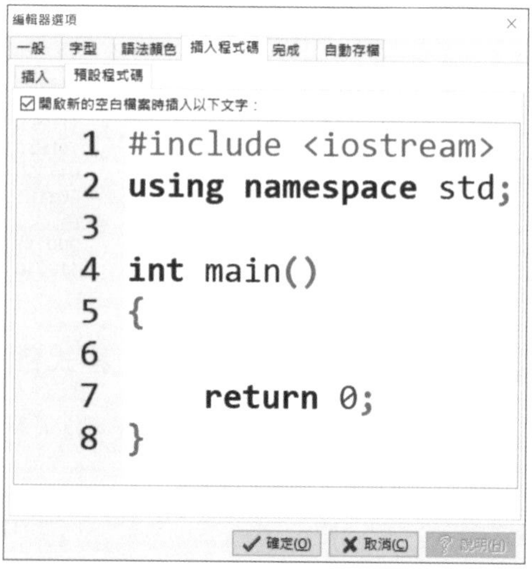

點選 Dev C++ 的功能表的【工具 (T) / 編輯器選項 (E)】，選擇【插入程式碼 / 預設程式碼】頁籤，核取下方的方塊，輸入基本程式碼，這樣每次開啟新檔案時，就會自動插入所輸入的程式碼。

編輯器選項

一般　字型　語法顏色　插入程式碼　完成　自動存檔

插入　預設程式碼

☑ 開啟新的空白檔案時插入以下文字：

```
1 #include <iostream>
2 using namespace std;
3
4 int main()
5 {
6
7     return 0;
8 }
```

✔ 確定(O)　✘ 取消(C)　說明(H)

1.3 第一個 C++ 程式

一、程式的撰寫

接下來我們開始寫第一個 C++ 程式，以下範例是一個簡單程式的原始碼。撰寫程式前，需注意下列幾點：

1. 字母大小寫是不同的，例如：int 和 Int 是不同的。
2. 每個敘述都以分號 ; 結束。
3. 使用一個或多個空白都是一樣的，程式碼可以適度加入空白行，或自由換行。
4. 原始碼的檔案副檔名為 .cpp，pp 是 plus plus (++) 的意思，例如：可將檔名取為 1.cpp 或 a.cpp。

範例 1.3.1 hello world! (d483)

將文字 hello world! 輸出到螢幕上

```
1  // 我的第一個 C++ 程式
2
3  #include <iostream>
4  using namespace std;
5
6  int main()
7  {
8      cout << "hello world!" << endl;
9      return 0;
10 }
```

- 第 1 行：程式的註解，說明程式的內容
- 第 3 行：預處理命令。因為用到 cout 指令，所以需引入標頭檔 iostream
- 第 4 行：宣告使用命名空間 std
- 第 6 行：主程式，程式從這裡開始執行
- 第 8 行：將字串 hello world! 顯示在螢幕上，endl 表示換行
- 第 9 行：程式成功執行完畢，傳回 0 給 main( ) 函數

執行結果

```
hello world!
```

設計好程式原始碼後，需使用編譯器，將原始碼編譯成機器語言，才能執行。此程式會依序由第 6 行、第 7 行、一直到第 10 行敘述一一執行，如果編譯過程或執行結果發生錯誤，必須修正錯誤，再重新編譯執行，直到程式沒有任何錯誤為止。

二、註解

```
第 1 行　// 我的第一個 C++ 程式
```

1. 如果程式某一行中出現「//」，則從 // 到本行末尾都會被當成註解。
   註解也可以用「/*……*/」來標示，此行程式也可以寫成

   ```
   /* 我的第一個 C++ 程式 */
   ```

2. 註解是設計者用來說明程式的內容或設計的方法，可協助自己或他人了解程式的內容。
   程式設計的邏輯和方法往往不易理解，程式設計好後，經過一段時間，再重新檢視時，也可能會忘了以前設計的方法，適當的註解有助於再了解程式的內容。

3. 一個好程式要有適當的註解，以增加程式的可讀性，方便後續的維護工作，特別是大型或團隊共同撰寫的程式，註解有助於團隊成員了解其他人撰寫的程式。

4. 註解是給人看的，編譯器讀到註解時，會直接忽略不處理。

5. 用 // 標示的註解，有效範圍只有一行，不能跨行。
   用 /*　　*/ 標示的註解，可多行，即從 /* 到 */ 的範圍內均為註解，不論多少行。
   較短的註解可使用 //，較長的註解則使用 /*……*/。

三、預處理命令

```
第 3 行　#include <iostream>
```

1. 輸出函數 cout 被定義在標頭檔 <iostream> 內，所以程式用到 cout 指令，就需先引入 <iostream>，否則會發生錯誤。

2. include 的中文意思是引入，所以 #include <iostream> 是指將標頭檔 iostream 的內容加到程式的這個位置。

3. iostream 的 io 是輸入輸出 input/output，iostream 是輸入輸出流，所以程式輸入與輸出的指令大多定義在標頭檔 <iostream> 內。

4. 以 # 開頭的敘述屬於預處理命令，行末不使用分號，須單獨成一行。

5. 預處理命令是指程式編譯前，編譯器會預先處理的命令，通常會放在程式的開頭。

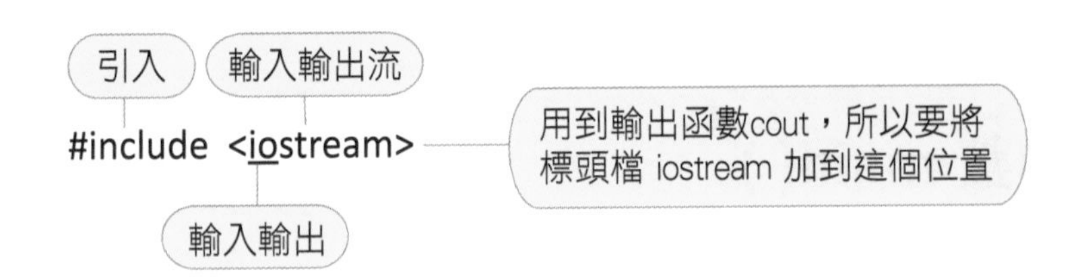

四、使用名稱空間 std

第 4 行 `using namespace std;`

1. using namespace std 是使用名稱空間 std。由於標準函式庫所包含的函數定義在名稱空間 std 中，使用到標準函式庫 iostream 的 cout 函數，就要宣告使用名稱空間 std。

2. 若沒有 using namespace std; 敘述，使用標準函式庫的函數時，必須每次都用 :: 把名稱空間和函數或變數連接起來，如下圖，cout 要用 std::cout，endl 要用 std::endl，表示使用 std 名稱空間內的 cout 函數及 endl 字符，此行程式可以精簡程式敘述。

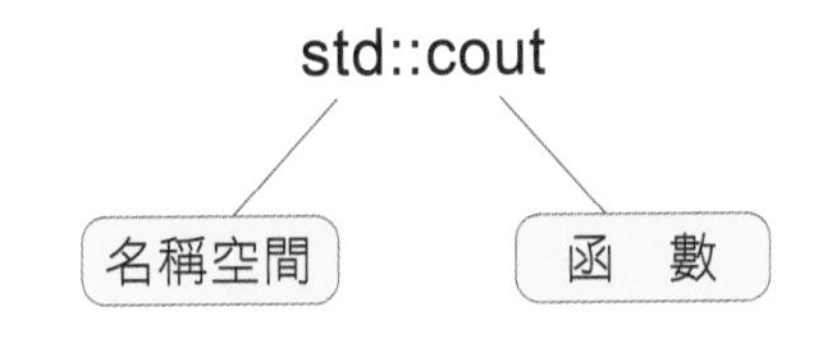

範例 1.3.2

將文字 hello world! 輸出到螢幕上，請省略使用名稱空間 std。

```
1  #include <iostream>
2  int main()
3  {
4     std::cout << "hello world!" << std::endl;
5     return 0;
6  }
```

沒有 using namespace std;，須使用 std::cout 和 std::endl，表示使用 std 名稱空間內的 cout 和 endl 字符

五、主函數 main( )

第 6 行 `int main()`

1. 程式會從主函數 main() 開始執行，不論它在程式的那一個位置。
2. 每個程式都必須有一個 main() 函數。
3. main() 前面的 int 是 integer（整數）的簡寫，宣告函數 main() 屬於整數函數，若能成功執行完函數，會回傳整數值 0 給作業系統，如果不能正常執行函數，則會回傳 -1。
4. 第 7-10 行由大括號 { } 括起來的內容，是 main() 函數的程式區塊（block），區塊內包含此函數的程式內容。
5. 撰寫程式時，函數的程式區塊最好使用 Tab 鍵或空白鍵，向右縮排，增加程式的可讀性，方便除錯。

六、標準輸出 cout

第 8 行 `cout << "hello world!" << endl;`

1. cout 可將後面的字串 hello world! 顯示在螢幕上。使用 cout 時，必須先使用預處理命令把標頭檔 iostream 包含進來，即 #include <iostream>。

2. "hello world!" 的雙引號表示 hello world! 是一個字串。

3. endl 是換行，意思是 end of line，即一行輸出的結束。請注意，此處是字母 l，不是數字 1，不要輸入錯誤。

七、傳回函數值 return

第 9 行 `return 0;`

1. return 是回傳的意思，return 0 就是回傳 0。此敘述在 main() 函數的最後一行，只有前面的程式都沒發生錯誤，才會執行到這一行，所以此行敘述會在程式正常執行時，回傳 0 給作業系統。

2. 根據 ISO C 的標準，main() 函數省略 return 0 敘述，等同於傳回 0，所以此行敘述可省略。

C++ 並不是以程式的格式來判斷程式的敘述，而是用分號；作為斷句的依據。程式的元素間必須使用空格、tab、或換行等空白來分開，但括號、逗號、分號等字元，則可不使用空白。如下例中，int、main 間需使用空白分隔，{、(和) 可使用也可以不使用空白進行分隔。

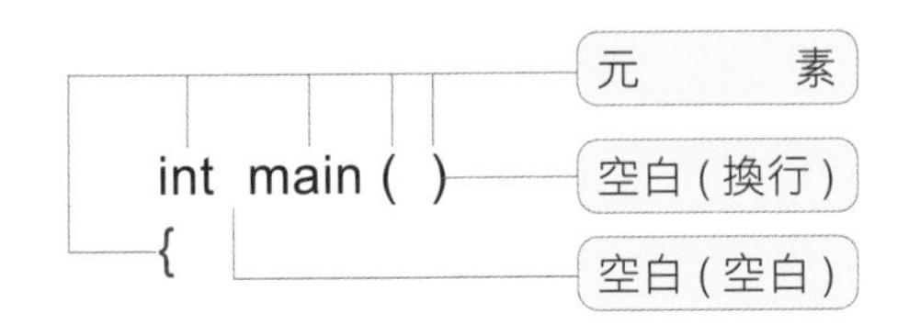

1.4 程式除錯

bug 是程式上的錯誤，除錯（debug）是找出並清除錯誤的過程。程式錯誤的類型有兩種：

1. 語法錯誤（syntax error）

   就像英文文法一樣，程式語言有自己的語法，使用不符合語法的敘述，會讓編譯器無法正確翻譯，造成語法錯誤。

   例如：若將正確指令 int 輸入成 Int 時，會造成語法錯誤；若使用 cout 等 I/O 函數，卻沒有 using namespace std; 敘述時，程式編譯時，會在 cout 指令處顯示錯誤，因為編譯器無法編譯 cout 指令（圖 1- 6）。

```
1  #include <iostream>
2
3  int main()
4  {
5      const double pi = 3.1415926;
6      float r;
7
8      cout << "請輸入半徑：";
9      cin >> r;
10
11     cout << "此圓的面積為 " << pi * r * r << endl;
12     cout << "此圓的周長為 " << 2 * pi * r << endl;
13
14     return 0;
15 }
```

錯誤
沒有 using namespace std; 敘述，程式編譯時，會在 cout 指令處顯示錯誤。

圖 1-6 語法錯誤

2. 語意錯誤（semantic error）

   語意錯誤又稱邏輯錯誤（logical error），會發生在程式的語法都正確，但執行結果卻不正確。執行語意錯誤的程式時，由於敘述都符合語法規則，程式仍會順利執行，編譯器不會顯示錯誤訊息，所以無法透過編譯器發現錯誤。

學習挑戰

一、選擇題

1. (　　) 電腦硬體認識的程式語言是下列何種語言？

   (A) 機器語言　(B) 組合語言　(C) 高階語言　(D) 中階語言

2. (　　) 下列何者常被稱為中階語言？

   (A) 組合語言　(B) Basic　(C) C++　(D) Java

3. (　　) 下列何種語言屬於物件導向程式語言？

   (A) C++　(B) C　(C) Assembly　(D) Pascal

4. (　　) Python、PHP、Perl 等語言都是用使用何種程式語言開發的？

   (A) Basic　(B) C　(C) Java　(D) Assembly

5. (　　) 下列何者不是 C/C++ 語言的優點？

   (A) 應用範圍廣，功能強　(B) 有較佳的執行效率
   (C) 高移植性　(D) 程式容易撰寫

6. (　　) 有關 C++ 的敘述，下列何者不正確？

   (A) 字母大小寫是不同的　(B) 每個敘述都以分號 ; 結束
   (C) 程式碼可任意加入空白行　(D) 原始碼檔案的副檔名預設為 .c

7. (　　) 要將標頭檔的內容加到程式的某個位置，可使用下列那一個指令？

   (A) using　(B) include　(C) main　(D) return

8. (　　) 編譯器可以發現程式的那種錯誤？

   (A) 語法錯誤　(B) 語意錯誤　(C) 邏輯錯誤　(D) 以上皆是

9. (　　) 在 C++ 中，若將正確指令 int 輸入成 INT 時，會有下列何種狀況？

   (A) 編譯成功，執行結果錯誤　(B) 編譯失敗，語意錯誤
   (C) 編譯失敗，語法錯誤　(D) 編譯成功，連結錯誤

二、填充題

1. 高階語言需透過________將程式轉譯成由機器語言組成的________碼。
2. ________可將所用到之函式的目的碼和程式的目的碼組合起來，產生可執行檔。
3. ________可將連結後產生的二進位程式碼，載入記憶體執行。
4. C++ 程式中，

   (1) 程式會從函數________開始執行，敘述是以________符號結束。

   (2) ________符號可標示一行註解，但不能跨行；________符號可標示多行註解。

   (3) 輸出________是換行。

   (4) ________符號開頭的敘述屬於預處理命令。

三、應用題

1. 指出以下程式錯誤的地方。

```
#include <iostream>
int main()
{
   cout << "hello world!" << endl;
}
```

2. 寫一程式，在螢幕上顯示字串 "This is a C++ program."。

CHAPTER 02

變數與常數

本章學習重點

- 變數
- 變數宣告與初始化
- 基本輸出與輸入
- 變數的使用
- 常數

本章學習範例

- 範例 2.2.3　溢位 overflow
- 範例 2.3.1　顯示兩數之和與差
- 範例 2.3.2　輸入兩數 (a002)
- 範例 2.4.1　西元年轉民國年 (d049)
- 範例 2.4.2　字元與 ASCII 碼轉換
- 範例 2.4.2-2　小寫轉大寫
- 範例 2.4.2-3　跳脫字元的輸出
- 範例 2.4.2-4　定位輸出
- 範例 2.4.3　圓面積與周長
- 範例 2.4.3-2　溫度單位的換算 (d051)
- 範例 2.5.1　常數宣告
- 範例 2.5.2　#define

2.1 變數

2.1.1 記憶體的基本概念

電腦使用二進位，二進位只使用 0 和 1 兩個數字，一個 0 或 1 稱為 1bit（位元），例如：二進位數 1001_2 是 4 bits，11010010_2 是 8 bits。1 bit 可儲存一個 0 或 1 兩種不同的資料，2 bits 可儲存 00, 01, 10, 11 共 2×2 種不同的資料；3 bits 可儲存 000, 001, 010, 011, 100, 101, 110, 111 共 $2\times2\times2=2^3$ 種不同的資料；依此類推，8 bits 可儲存 $2\times2\times2\times2\times2\times2\times2\times2=2^8$ 種不同的資料。

記憶體的大小通常是以 byte（位元組）為單位

1 byte = 8 bits　　　或　　　1 位元組 = 8 位元

例如：4 GB 記憶體或 2 TB 硬碟空間等，此處的 B 是代表 bytes。

程式執行時，電腦會將資料載入記憶體中，為了區別資料在記憶體的位置，每一個記憶體的儲存單位都會有一個不同的位址（address），就如同每一間房子都有一個不同的門牌號碼一樣。記憶體的儲存單位是 byte，所以每一個 byte 都會有一個位址，要將資料存入記憶體，或從記憶體取出資料，都會透過記憶體的位址。

3 bits 可表示 $2^3=8$ 種不同的數值，所以 3 bits 可提供 8 bytes 記憶體每個 byte 不同的位址，如下圖。實際上，這 3 個 bits 的值，是由 3 條位址線（address bus）所決定，CPU 透過位址線決定記憶體的位址，若某一電腦系統有 n 條位址線，可決定 2^n bytes 記憶體的位址。

位址	內容
000	1111 1010
001	1001 0010
010	1010 0101
011	0010 1111
100	1111 1010
101	0010 1110
110	1011 0010
111	1010 0011

2.1.2 變數的概念

程式設計時，為了記錄某些會變動的資料，會給這些變動的資料一個名稱，這個名稱就是變數（variable）。程式執行時，變數會被儲存在記憶體中，等待程式需要時取用，所以變數可以看成是用來儲存一個值的記憶體空間，如下圖所示。

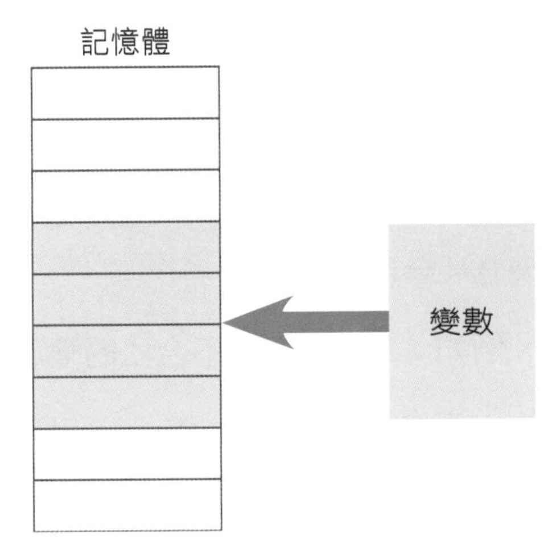

變數的概念和人腦的記憶相似，例如：要記住 1 和 5 兩個數時，人腦需要兩個記憶體空間來儲存這兩個數值，若將這兩數相加，也會有一個記憶體空間儲存數值 6。所以程式中可以宣告三個變數，a 為 1、b 為 5、result 為 a + b 的值，程式執行時，a, b, result 三個變數都會被儲存在記憶體中。

2.1.3 變數的命名

每個變數都要能被識別，所以變數名稱需使用識別字。識別字（identifier）是依程式需求自行定義的名稱，變數、函數、常數、函式庫內所用的名稱都屬於識別字。

變數命名時應該避免與其他名稱衝突，變數名稱有一定規則，不能亂取，規則如下：

1. 可用字母、數字、底線（_）、$ 符號。
2. 不能用空白、特殊符號（+ - * / % & | ~ # ^ ? @ 等）。例如：total-no 是不合法的變數名稱，因為 - 會和減號混淆。
3. 不能使用數字開頭，例如：2x, 1a 都是不合法的變數名稱。
4. 字母大小寫是不同的，例如：變數 sum、Sum、SUM 是不同的。
5. 不能使用保留字（reserved word）。
   保留字是程式語言保留下來的一些關鍵字，作為指令等特殊用途，因此程式的變數名稱不能和保留字相同。常用的保留字如下表：

表常用的保留字

auto	break	case	char	const
continue	default	do	double	else
enum	extern	oat	for	goto
if	inline	int	long	register
restrict	return	short	signed	sizeof
static	struct	switch	typedef	union
unsigned	void	volatile	while	

2.2 變數宣告與初始化

2.2.1 基本資料型態

變數的值儲存在記憶體中，程式不需知道變數的記憶體位置，要使用變數時，只要引用變數名稱即可。但程式需知道變數屬於何種資料型態，以配置適當大小的記憶體空間，用來儲存變數的值。

不同資料型態儲存的空間大小不同，例如：整數和浮點數配置的空間大小就不同。C++ 基本資料型態的大小可能會因環境不同而異，一般資料型態的分類如下表，其中 signed 是指有正負號，使用時可省略，unsigned 是指無正負號。常用的資料型態有 int, float, char, long long 等，後面會進一步說明。

類型	資料型態名稱	bytes	值的範圍
字元	char	1	一個字母或數字 -128～+127
	unsigned char	1	一個字母或數字 0～255
整數	*signed* short	2	$-2^{15} \sim 2^{15}-1$（-32,768～32,767）
	signed int	4	$-2^{31} \sim 2^{31}-1$（-2,147,483,648～2,147,483,647，約 21 億）
	signed long	4	$-2^{31} \sim 2^{31}-1$（-2,147,483,648～2,147,483,647）
	signed long long	8	$-2^{63} \sim 2^{63}-1$ (約 $-9 \times 10^{18} \sim 9 \times 10^{18}$)
	unsigned short	2	$0 \sim 2^{16}-1$（0～65,535）
	unsigned *int*	4	$0 \sim 2^{32}-1$（0～4,294,967,295，約 42 億）
	unsigned long	4	$0 \sim 2^{32}-1$（0～4,294,967,295）
	unsigned long long	8	$0 \sim 2^{64}-1$ (約 $0 \sim 1.8 \times 10^{19}$)
浮點數	float	4	$\pm 3.4 \times 10^{\pm 38}$，單精度的有效數字可達 7 位，即精確度至小數點後第 6 位
	double	8	$\pm 1.7 \times 10^{\pm 308}$，雙精度的有效數字可達 15 位，即精確度至小數點後第 14 位
	long double	16	長雙精度 $\pm 1.2 \times 10^{\pm 4932}$，精準度小數以下第 19 位
布林值	bool	1	1 (true) 或 0 (false)

2.2.2 變數宣告

C++ 每一個變數在使用前，都要先宣告它的資料類型，目的是要告訴編譯器這個變數屬於何種資料型態，以便預先為該變數保留記憶體空間。變數宣告的語法如下：

資料型態　變數名稱；

例如：宣告變數 num 是整數、total 是浮點數、ch 是字元的敘述如下

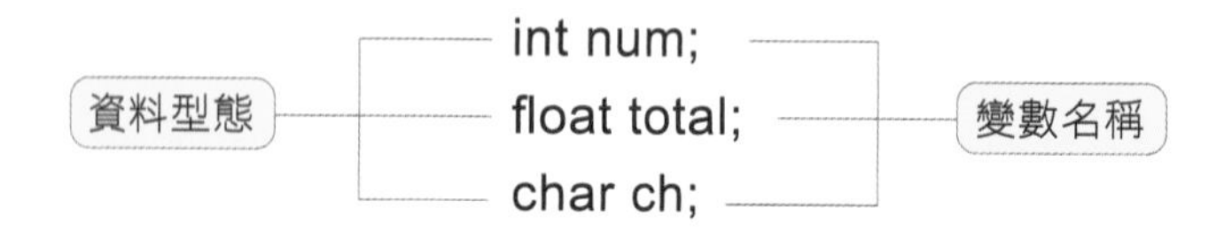

我們可以把變數想像成是一個容器，程式能把不同的資料放到容器內。如下圖，編譯器讀到上面的敘述時，會在記憶體分別劃分出 4 bytes、4 bytes、1 byte 的空間，儲存這三個變數的值。記憶體每一位置都有一個位址，可做為存取程式或資料的依據，後面單元將會詳細介紹。

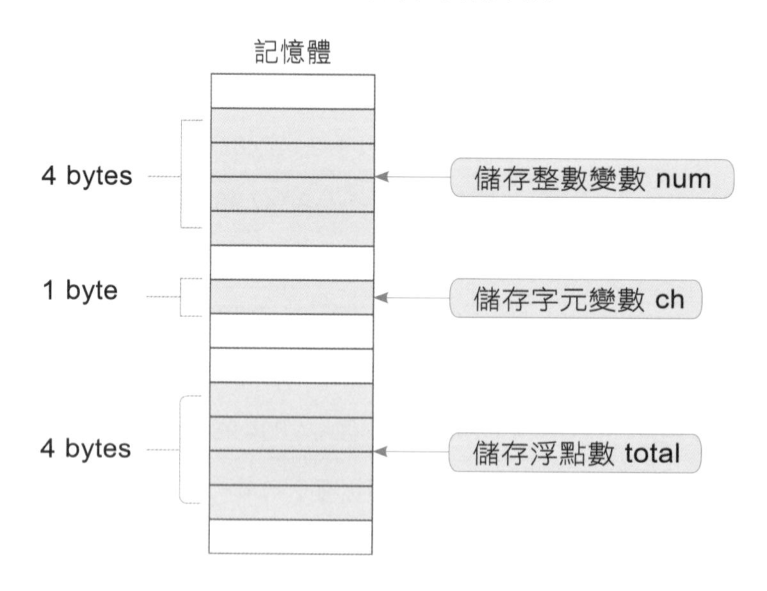

宣告多個相同類型的變數時，可使用逗號 , 分隔多個變數名稱。例如：

```
char a, b;        // 宣告變數 a, b 是字元
int c, d;         // 宣告變數 c, d 是整數
```

下表是一些變數宣告是否正確的實例

變數宣告	對 / 錯	原因
int foo;	○	有效的宣告
int FOO;	○	有效的宣告，但和 foo 是不同的變數。
Char sum;	×	char 和 Char 是不同的，必須使用 char。
double $my_money;	○	有效的宣告
float 4you;	×	不能使用數字開頭
int return;	×	不能使用 return，因為 return 是保留字。
char _str;	○	有效的宣告，變數可使用底線 _ 開頭。
float reserved-key;	×	不能使用 -，- 會和減號混淆。

2.2.3 變數初始化

變數初始化是指將特定資料指定給變數，其語法如下：

```
變數名稱 = 特定資料；
```

變數初始化的方法如下：

1. 直接將特定資料值指定給變數，例如：將整數變數 c 的初始值設為 2。

```
c = 2;
```

其中「=」號是「指定」的意思，是將 = 號右邊的值或運算結果，指定給 = 號左邊的變數，和數學的 = 號是相等的意思不同。c = 2 就是將整數 2 指定給變數 c，系統會在記憶體劃分出 4 bytes 記憶體空間儲存 c 的值。

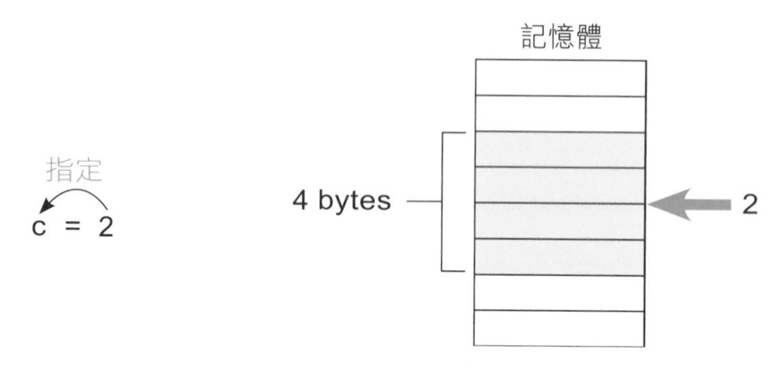

2. 在變數宣告時，指定初始值。例如：

```
int i = 5;   // 宣告整數變數 i，並指定 i 的初始值為 5
float a, b, c = 2.5;
    // 宣告浮點數 a, b, c，並指定 c 的初始值為 2.5
```

上例也可寫成下列敘述：

```
int i;
i = 5;
float a, b, c;
c = 2.5;
```

字元和字串不同，字元是用單引號括起來的一個字母，字串則是用雙引號括起來的字元。例如：

```
char c = 'a';
    // 正確，宣告字元變數 c，並指定 c 的初始值為 'a'
char c = "a";
    // 錯誤，char 為宣告字元變數，必須使用單引號
```

使用指定運算時，若資料超過資料型態值域的上下限，就會發生溢位（overflow）。程式發生溢位時，雖然可以被正常編譯，但執行結果是錯的，如下例，short 整數 a 能表示的最大值為 32,767，因為第 6 行程式指定 a 值為 32,768，超出 short 整數的值域範圍，所以會發生溢位，輸出不正確的結果 -32768。

範例 2.2.3 溢位 overflow

輸出一個 short 整數 a = 32768，並說明結果。

```
 1  #include <iostream>
 2  using namespace std;
 3  
 4  int main()
 5  {
 6      short a = 32768;
 7      cout << a << endl;
 8  
 9      return 0;
10  }
```

short 最大值為 32767，32768 超出範圍，發生溢位。

執行結果

```
-32768
```

2.3 基本輸出與輸入

2.3.1 輸出的基本操作

螢幕輸出的語法如下：

```
cout << 運算式1 << 運算式2 << …… << 運算式n;
```

例如：在螢幕輸出字串 C++ program 的敘述如下：

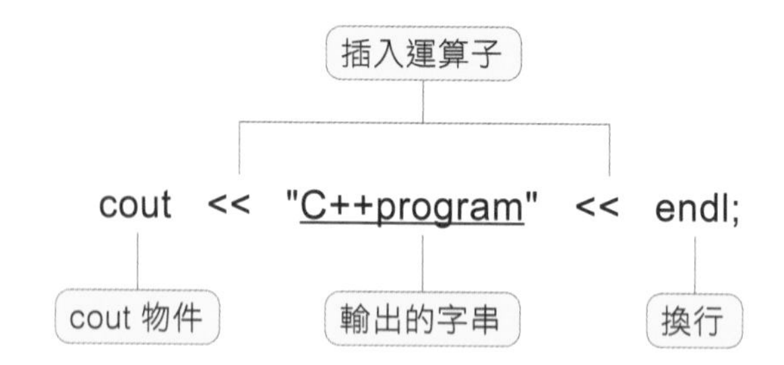

C++ 定義輸入輸出的物件時，系統會在記憶體劃出一塊輸出緩衝區，用來暫時儲存資料。如下圖，上例中，執行到 cout 指令時，會把字串 "C++ program" 插入（<<）輸出的緩衝區，直到緩衝區滿了，或遇到「換行」符號 endl，再將緩衝區的資料輸出，並清空緩衝區。

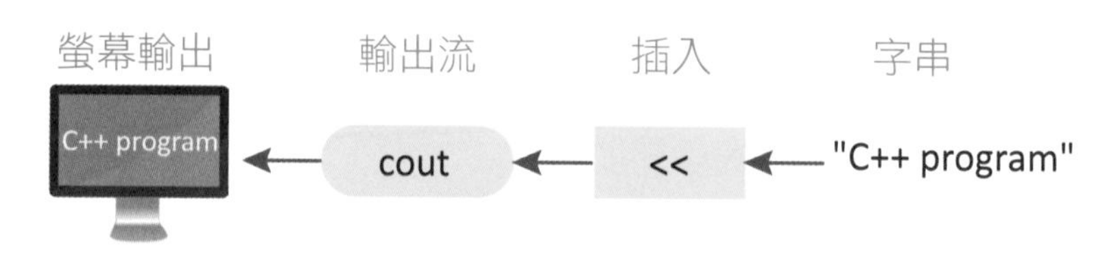

cout 的換行可使用下列其中一種方式

```
cout << endl;        cout << "\n";        cout << '\n';
```

區別是 endl 會換行，也會清空緩衝區；但 \n 只將分行符號放入緩衝區，不會清空緩衝區，建議換行可多使用 endl。

輸出多個資料時，資料間要用 << 隔開。<< 後也可使用運算式，例如：

```
cout << a << b << c;
   // cout << a, b, c; 和 cout << a << b << c <<; 都是錯的語法
cout << a + b + c;
   // 將運算式寫在 << 後，會先進行運算，再將結果輸出
```

範例 2.3.1 顯示兩數之和與差

計算兩個整數 5, 10 的和與差，將結果顯示出來。

```
1  #include <iostream>
2  using namespace std;
3  int main()
4  {
5      int a = 5, b = 10;
6      cout << a << "與" << b << "的和 = " << a + b << endl;
7      cout << a << "與" << b << "的差 = " << a - b << endl;
8      return 0;
9  }
```

變數 a, b 的宣告與初始化

輸出運算式 a + b 的結果

輸出運算式 a - b 的結果

執行結果

```
5 與 10 的和 = 15
5 與 10 的差 = -5
```

程式說明

◆ 第 6 行

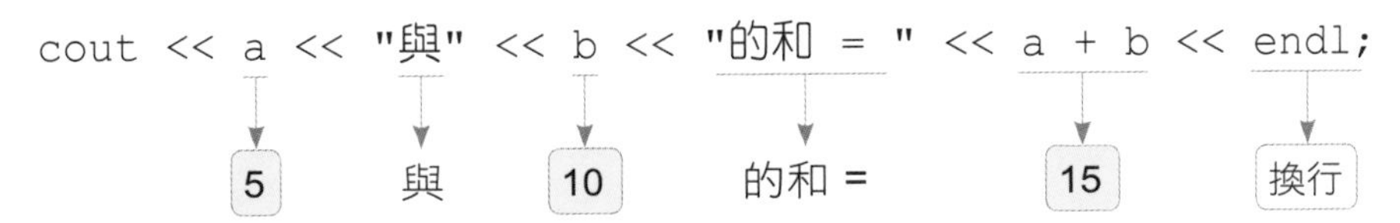

所以輸出為「5 與 10 的和 = 15」

2.3.2 輸入的基本操作

讀取鍵盤輸入的語法如下：

```
cin >> 變數1 >> 變數2 >> …… >> 變數n;
```

cin 是讀取鍵盤輸入的資料，並將輸入的資料指定給對應的變數，直到按下 Enter 鍵。例如：

```
cin >> i;
```

如下圖，若用鍵盤輸入 3，會將整數變數 i 的值指定為 3。

若有一個以上的輸入變數，輸入時，要使用空白鍵或 enter 鍵，作為輸入資料的間隔符號。例如：「cin >> i >> j;」，若輸入 3 5，則 i 會被指定為 3，j 會被指定為 5。

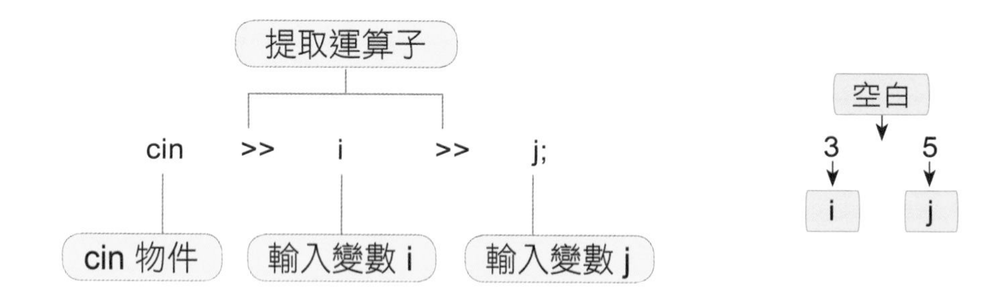

使用 cin 時，需要先宣告變數的資料型態，如上例，要先宣告變數 i 與 j。

```
int i, j;
cin >> i >> j;
```

範例 2.3.2 輸入兩數 (a002)

一次輸入兩個整數，輸出兩數之和。

```
1  #include <iostream>
2  using namespace std;
3
4  int main()
5  {
6      int a, b;
7      cout << "輸入 a, b 兩整數";
8      cin >> a >> b;
9      cout << a << "," << b << " 的和 = " << a + b << endl;
10
11     return 0;
12 }
```

一次輸入 a, b 兩個整數

將兩數之和顯示在螢幕上

執行結果

```
輸入 a, b 兩整數 5 17
5, 17 的和 = 22
```

動動腦

如果要一次輸入三個整數，輸出三數之和與三數之積，此程式該如何改寫？

2.4 變數的使用

2.4.1 整數變數

整數變數可分成有正負號（signed）和無正負號（unsigned）。宣告有正負號的整數時，signed 可省略，所以有 int, short, long, long long 四種，其中以 int, long long 最常用。

宣告無正負號的整數 unsigned int 時，int 可以省略，所以有 unsigned, unsigned short, unsigned long, unsigned long long 四種。

資料型態值的範圍和所占的 bytes 數有關，例如：下圖中，int 用 4 bytes 儲存，4 bytes = 32 bits，其中 1 bit 存正負號，31 bits 存值，所以值的範圍為 -2^{31}~$2^{31}-1$。unsigned 整數因為沒有正負號，所以用 32 bits 存值，值的範圍為 0~$2^{32}-1$。

有 +- 號的整數 int	±	31 bits
無 +- 號的整數 unsigned		32 bits

同理，long long 用 8 bytes 儲存，8 bytes = 64 bits，其中 1 bit 存正負號，63 bits 存值，所以資料範圍為 -2^{63} ~ $2^{63}-1$。

int 和 long long 都是常用來表示整數的資料型態，兩者表示的資料範圍如下。當整數大於 10 位數，資料型態就要使用 long long，不能用 int，但若整數大於 20 位數，超出 long long 值的範圍，long long 也不能使用，處理的方法會在第 7 章字串中介紹。

	int	long long
值的範圍	10 位數，約 21 億	20 位數

範例 2.4.1 西元年轉民國年 (d049)

西元 1912 年為民國元年，寫一程式將西元年轉成民國年

輸入：西元年（大於 1911 的整數）

輸出：民國年

解題方法

若西元年為整數 n，先輸入 n，再直接輸出 n - 1911 即可。

```
1  #include <iostream>
2  using namespace std;
3
4  int main()
5  {
6      int n;
7
8      cout << "輸入西元年（大於 1911 的整數）";
9      cin >> n;
10
11     cout << "民國" << n - 1911 << "年" << endl;
12
13     return 0;
14 }
```

直接輸出 n - 1911

執行結果

```
輸入西元年（大於 1911 的整數）2016
民國 105 年
```

2.4.2 字元變數

字元是指使用單引號括起來的一個字母、數字或符號，如 'a'、'1'、'%' 等。字元只能包含一個文字，例如：'a1' 是不合法的，因為包含兩個文字。一個字元占 1 byte 記憶體空間，大小寫是不同的，例如：'A' 和 'a' 是不同的字元。

字元儲存在記憶體時，並不是存放字元本身，而是儲存對應的 ASCII 碼。如下圖，字元 'a' 在記憶體存放的是 ASCII 碼 97，字元 'b' 存放 ASCII 碼 98。

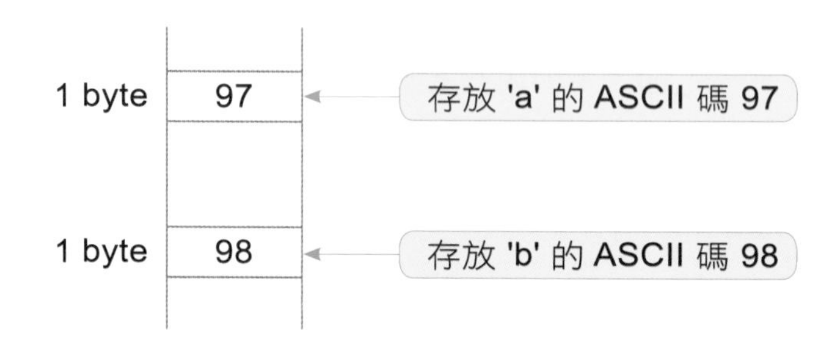

字元是以 ASCII 碼儲存的，和整數相同，所以兩者可通用，但字元占 1 byte，只能存放 0~255 的整數。如上例中，字元 a, b 的宣告與初始化可使用下列其中一種方法

```
char a = 'a';        或        char a = 97;
char b = 'b';                  char b = 98;
```

如下圖，若將字元變數指定給整數變數，整數變數會是字元的 ASCII 碼；同樣地，如果將整數變數（ASCII 碼）指定給字元變數，字元變數會是 ASCII 碼對應的字元。

對字元進行算術運算，相當於對其 ASCII 碼進行運算，例如：字元 ch 大小寫轉換的方式，可使用下列敘述

```
大寫 ch = 小寫 ch - 32
小寫 ch = 大寫 ch + 32
```

範例 2.4.2 字元與 ASCII 碼轉換

輸入一個字元，顯示對應的 ASCII 碼。
輸入一個 ASCII 碼，顯示對應的字元。

```
1  #include <iostream>
2  using namespace std;
3
4  int main()
5  {
6      char c;
7      int a;
8
9      cout << "輸入一個字元";
10     cin >> c;
11     a = c;            // 將字元 c 指定給整數 a，可將字元轉成 ASCII 碼
12     cout << "此字元的 ASCII 碼為" << a << endl;
13
14     cout << "輸入一個 ASCII 碼";
15     cin >> a;
16     c = a;            // 將 ASCII 碼（整數）a 指定給字元 c，可將 ASCII 碼轉成字元
17     cout << "此 ASCII 碼的字元為" << c << endl;
18
19     return 0;
20 }
```

執行結果

```
輸入一個字元 M
此字元的 ASCII 碼為 77
輸入一個 ASCII 碼 100
此 ASCII 碼的字元為 d
```

範例 2.4.2-2 小寫轉大寫

輸入一個小寫字母，將它以大寫顯示出來。

```
1  #include <iostream>
2  using namespace std;
3
4  int main()
5  {
6      char ch;
7      cout << "輸入一個小寫字母";
8      cin >> ch;
9
10     cout << "此字母的大寫為" << char(ch - 32) << endl;
11
12     return 0;
13 }
```

因為大寫 ch = 小寫 ch – 32

執行結果

```
輸入一個小寫字母 f
此字母的大寫為 F
```

另一類特殊字元是以反斜線 \ 開頭的跳脫字元（escape character），如下表。跳脫字元不會在螢幕上顯示，而是會被轉譯成另外的功能。例如：\n 不會顯示 \n，而是會被轉換成換行。跳脫就是指跳離原字元的意思。

跳脫字元也可使用 ASCII 碼表示，例如：移到定位點的字元 \t 可用 ASCII 碼 9 來表示。若要輸出 ?、\、'、" 等字元，需在字元前再加一個反斜線 \，例如：\?、\\、\'、\"。

跳脫字元	功能	ASCII 碼	ASCII 符號
\n	換行	10	NL (LF)
\r	歸位，移到行首，但不換行	13	CR
\t	移到定位點	9	HT
\0	空	0	NULL
\?	印出問號 ?	63	?
\\	印出反斜線 \	92	\
\'	印出單引號 '	39	'
\"	印出雙引號 "	34	"

字元和字串是不同的，例如：

1. 字元使用單引號 '，如 'a'、'1' 等；字串使用雙引號 "，如 "119"、"Hello!" 等
2. char 只能儲存一個字元，字串能儲存 0 個以上字元

範例 2.4.2-3 跳脫字元的輸出

輸出包含雙引號的字串 "Thank you!"。

```
1  #include <iostream>
2  using namespace std;
3
4  int main()
5  {
6      cout << "\"Thank you!\"\n";
7      return 0;
8  }
```

輸出 "

輸出 "

執行結果

```
"Thank you!"
```

範例 2.4.2-4 定位輸出

輸入國文、英文、數學三科成績，使用定位點，將各科名稱與成績分行排列整齊。

```
1   #include <iostream>
2   using namespace std;
3
4   int main()
5   {
6      int c, e, m;
7      cout << "輸入國文、英文、數學三科成績";
8      cin >> c >> e >> m;
9
10     cout << "國文\t英文\t數學" << endl;
11     cout << c << "\t" << e << "\t" << m << endl;
12
13     return 0;
14  }
```

\t 表示移到定位點後，再輸出，所以可以用來對齊輸出結果

執行結果

```
輸入國文、英文、數學三科成績 80 90 85
國文    英文    數學
80      90      85
```

2.4.3 浮點數變數

浮點數（實數）的表示有下列兩種型式

1. 十進位小數型式

   包含整數和小數兩部分，如 98.34、8.0 等，其中 8.0 的小數被標示為 0，表示 8.0 是浮點數，而非整數 8。

2. 指數型式（E 表示法）

   如下圖，123,400 = +1.234 × 10^5，所以可表示為 +1.234E+5。其中字母 E 或 e 後面的數字代表以 10 為底的指數，例如：e2 表示 10^2。

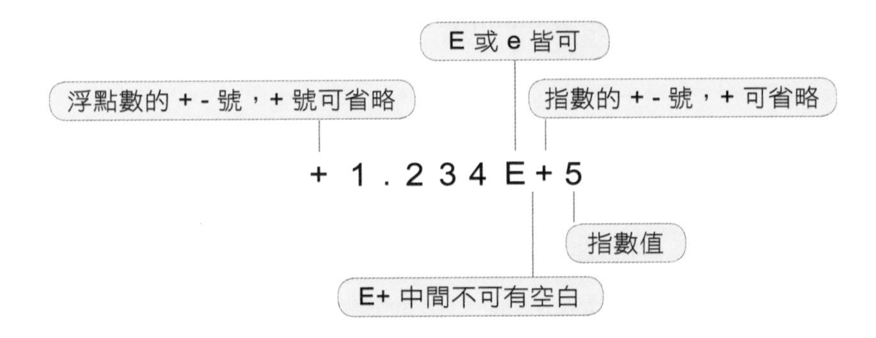

浮點數會以正規型式儲存在記憶體，正規型式是指 0.1 <= 小數 < 1，也就是小數點後的第一位數不能是 0，如上例，浮點數 123400 會儲存為

± 號	數值	指數
+	0.1234	6

如下圖，單精度浮點數 float 用 32 bits 來儲存，其中 1 bit 存正負號，8 bits (30~23) 存指數，23 bits (22~0) 存值。雙精準度浮點數 double 用 64 bits 來儲存，其中 1 bit 存正負號，11 bits (62~52) 存指數，52 bits (51~0) 存值。

	31	30 ~ 23	22 ~ 0
單精度浮點數 float	±	指數	數值

	63	62 ~ 52	51 ~ 0
雙精度浮點數 double	±	指數	數值

浮點數的精度是指表示浮點數時的精準程度，例如：5/3 = 1.666666666...，小數點以下有無限位數，但浮點數只能儲存有限位數，單精度浮點數可儲存至小數以下第 6 位，雙精度則可儲存小數以下第 14 位。

例如：宣告 a, b, c 三個浮點數變數如下

```
float a = 8.0, b = -8.7e-6;
double c = 1234E+15;
```

cout 資料時，可使用 setprecision 函數控制浮點數的位數，但須先引入標頭檔 <iomanip>。iomanip 是 io manipulation 的簡寫，意思是 io 的操作。

```
cout << setprecision(5) << 3.14159;
```

setprecision(5) 會將輸出的數值控制為 5 位數，超過五位數，會以四捨五入處理。3.14159 之第 6 位是 9，所以進位，因此輸出 3.1416。

如果只要控制小數點以下的位數，只要再加上 fixed 即可，例如：

```
cout << fixed << setprecision(2) << 3.14159;
```

會將 3.14159 控制在小數以下第 2 位，因此輸出 3.14。

程式內若需要 #include 多個標頭檔時，可使用萬用標頭檔 <bits/stdc++.h> 來替代，例如：

```
#include <iostream>    替代為
                     ──────────> #include <bits/stdc++.h>
#include <iomanip>
```

實際上標頭檔 <bits/stdc++.h> 內含所有標準函式庫，使用雖然方便，但有以下缺點，讀者可自行參考使用。

1. 會引入許多程式沒用到的函式庫，所以會增加編譯時間。
2. 此標頭檔不是標準函式庫，可能有些編譯器無法使用。

範例 2.4.3 圓面積與周長

寫一程式，輸入圓的半徑，計算並輸出此圓的面積與周長

輸入：圓的半徑

輸出：圓的面積與周長

```
1   #include <iostream>
2   using namespace std;
3
4   int main()
5   {
6      float r;
7      cout << "輸入半徑";
8      cin >> r;
9
10     cout << "此圓的面積為" << 3.14 * r * r << endl;
11     cout << "此圓的周長為" << 2 * 3.14 * r << endl;
12
13     return 0;
14  }
```

計算並輸出圓面積

計算並輸出圓周長

執行結果

```
輸入半徑 5
此圓的面積為 78.5
此圓的周長為 31.4
```

範例 2.4.3-2 溫度單位的換算 (d051)

小明要寫一份有關美國氣候的報告，美國都以華氏做為溫度單位，請寫一程式，將華氏轉換成台灣使用的溫度單位攝氏，請以四捨五入，取至小數點以下第 3 位。

輸入：華氏度數

輸出：攝氏度數

解題方法

若攝氏度數為 c，華氏度數為 f，則 c = (f - 32) * 5 / 9

```
1   #include <iostream>
2   #include <iomanip>
3   using namespace std;
4   int main()
5   {
6       float f;
7       cout << "輸入華氏度數";
8       cin >> f;
9
10      cout << "攝氏度數為" << fixed << setprecision(3) <<
11        (f - 32) * 5 / 9 << endl;
12
13      return 0;
14  }
```

第 1, 2 行可用 #include <bits/stdc++.h> 來替代

四捨五入取至小數點以下第 3 位

華氏度數轉成攝氏度數

執行結果

```
輸入華氏度數 104
攝氏度數為 40.000
```

動動腦

1. 將攝氏溫度 c 轉換成華氏溫度 f 的數學式為何？
2. 改寫範例的程式，將攝氏溫度轉換成華氏溫度，請以四捨五入，取至小數點以下第 3 位。

2.4.4 布林變數

在程式中，布林（Boolean）值主要是作為流程控制的條件判斷，第四、第五章將會介紹相關的流程控制指令。

布林值只有以下兩種：

1. 真：使用小寫 true 或 1 表示
2. 假：使用小寫 false 或 0 表示

布林值的資料型態名稱是 bool，不是 boolean。 true 與 false 判斷的依據如下：

	真	假
數值	非 0	0

例如：宣告 a, b, c, d 四個布林變數如下

```
bool a = true, b = false, c = 30, d = 0;
```

a, b, c, d 的輸出值會是 a = 1, b = 0, c = 1, d = 0。

2.5 常數

2.5.1 宣告常數

變數是程式中會變動的資料，常數（constant）則是程式中固定不變的資料，運算式也不能更改常數的值。例如：計算一個半徑為 r 的圓面積 area，圓周率 π 3.14159 是常數，area 和 r 則是變數。

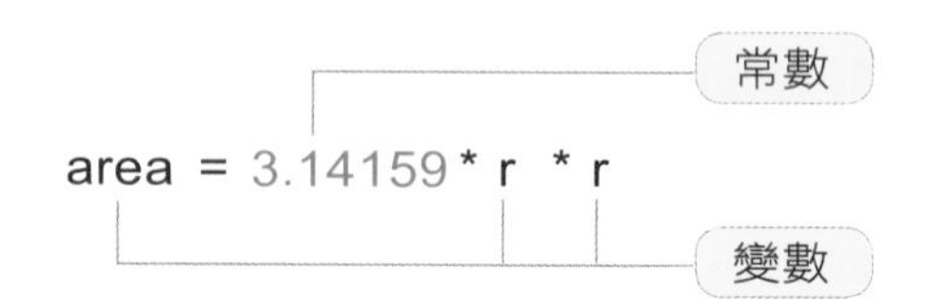

1. 宣告常數是在變數宣告的敘述前加上關鍵字 const（constant 的縮寫）。例如：

```
const int a = 10;   // 宣告整數常數 a，指定其值始終為 10
const double pi = 3.1415926;
    // 宣告雙精度浮點常數 pi，指定其值始終為 3.1415926
const char NewLine = '\n';
    // 宣告字元常數 NewLine，指定其值始終為跳脫字元 '\n'
```

2. 宣告常數時，要在敘述內一併指定其值。例如：const int a = 10; 不能寫成下列敘述

```
const int a;
a = 10;                 // 錯，常數 a 不能被改變
```

3. 可以使用運算式對常數進行初始化，例如：

```
const float b = 3.1 + 6.2, c = 2 * 3.14;
    // 常數 b 的值被指定為 9.3，常數 c 為 6.28
```

4. 程式執行時，可將不變的資料設為常數，優點在於要更改常數值時，只要修改一個地方，不需修改許多個地方，例如：計算圓面積與圓周長的實例中，圓周率若要由 3.14159 改為 3.14 時，只需修改宣告的常數 pi 即可。

範例 2.5.1 常數宣告

使用常數宣告的方式，輸入一圓的半徑，輸出此圓的面積與周長。

```
 1  #include <iostream>
 2  using namespace std;
 3
 4  int main()
 5  {
 6      const float pi = 3.1415926;
 7      float r;
 8
 9      cout << "輸入半徑";
10      cin >> r;
11
12      cout << "此圓的面積為" << pi * r * r << endl;
13      cout << "此圓的周長為" << 2 * pi * r << endl;
14
15      return 0;
16  }
```

宣告一個浮點數 pi，程式內如果要更改所有 pi 的值，只要在此更改即可

計算並輸出圓面積

計算並輸出圓周長

執行結果

```
輸入半徑 12.5
此圓的面積為 490.874
此圓的周長為 78.5398
```

2.5.2 定義符號常數

符號常數是使用預處理命令 #define 把某些符號設定為常數，語法如下：

```
#define 常數名稱 常數值
```

常數名稱可以是任何字母的組合，結尾不需 ; 號，常數名稱與常數值之間無「=」號。

為了與變數名稱區別，常使用大寫字母命名。例如：

```
#define PI 3.14
```

預處理命令會在程式編譯前，從 #define 指令開始，將所有和常數名稱相同的字串替換成常數值。如上例中，會將程式所有的字串 PI 都用 3.14 替代後，再進行編譯。符號常數通常定義在程式一開始 #include 的下方。

#define 是使用替換的方式進行，使用時應避免造成錯誤，如下例中，某一矩形之寬度 WIDTH 定義為整數常數 80，長度 LENGTH 是寬度加 20，即 WIDTH + 20，之後出現的每個 LENGTH 都會被運算式 80 + 20 取代。

```
#define WIDTH        80
#define LENGTH       WIDTH + 20
```

若此矩形的面積為 area，則

```
area = LENGTH * WIDTH;
     = 80 + 20 * 80
     = 1680
```

很明顯面積 1680 是錯的，正確答案應該是 (80 + 20) * 80 = 8000。因此正確的定義應該是

```
#define WIDTH        80
#define LENGTH       (WIDTH + 20)
```

WIDTH + 20 的括號很重要，會使運算順序不一樣，結果也會不一樣。上例的面積計算會變成

```
area = LENGTH * WIDTH;
     = ( 80 + 20 ) * 80
     = 8000
```

範例 2.5.2 #define

使用預處理命令 #define 把 PI 設定為符號常數，輸入一圓的半徑，輸出此圓的面積與周長。

```
1  #include <iostream>
2  #define PI 3.1415926
3
4  using namespace std;
5
6  int main()
7  {
8     float r;
9     cout << "輸入半徑";
10    cin >> r;
11
12    cout << "此圓的面積為" << PI * r * r << endl;
13    cout << "此圓的周長為" << 2 * PI * r << endl;
14
15    return 0;
16 }
```

定義符號常數 PI，之後的字串 PI 都會被替換成常數值 3.1415926

會被替換成 3.1415926

會被替換成 3.1415926

學習挑戰

一、選擇題

1. (　　) 程式執行時，程式中的變數值是存放在何處？

   (A) 記憶體　　(B) 硬碟
   (C) 輸出入裝置　　(D) 匯流排

2. (　　) 某一電腦有 32 條位址線，則此電腦最大的主記憶體空間為何？

   (A) 1GB　　(B) 2GB　　(C) 4GB　　(D) 8GB

3. (　　) 下列何者是正確的 C++ 變數名稱？

   (A) a@gmail.com　　(B) total-no
   (C) 3w　　(D) list_n0

4. (　　) 下列變數的宣告何者不正確？

   (A) Char sum;　　(B) double $my_money;
   (C) char __str;　　(D) int int__;

5. (　　) 程式變數的值超過值域的上下限，會發生下列何種狀況？

   (A) 變數的值會被自動進位
   (B) 程式可以編譯，但執行結果會是錯的
   (C) 變數的值會被截斷
   (D) 變數的值會被轉換成不同的資料型態

6. (　　) 程式執行時，變數發生溢位的主要原因為何？

   (A) 以有限數目的位元儲存變數值
   (B) 編譯器版本不同
   (C) 作業系統與程式不相容
   (D) 變數過多，使編譯器無法處理

7. (　　) 下列何者不是正確的敘述？

   (A) cin >> a >> b;　　(B) cout << a; cin >> b;
   (C) cout << a + b;　　(D) cin >> a, b

8. (　　) 若使用 4 bytes 來儲存一個有正負號整數變數，此變數的值域為何？

(A) $-2^{31}-1 \sim 2^{31}$　　(B) $-2^{32}-1 \sim 2^{31}$

(C) $-2^{31} \sim 2^{31}-1$　　(D) $-2^{31} \sim 2^{32}-1$

9. (　　) 下列何者屬於字元資料？

(A) 'a'　(B) "a"　(C) 'aa'　(D) "aa"

10. (　　) char a = 97 和下列敘述何者相同？

(A) int a = 97　　(B) char a = 'a'

(C) char a = "a"　　(D) int a = "a"

11. (　　) 要將大寫英文字母 ch 轉換成小寫字母，可使用敘述 ch = ch____，空格內應填入

(A) -32　(B) -16　(C) +16　(D) +32

12. (　　) cout << "\"\"Thank you!\"\""; 會輸出下列何種結果？

(A) \Thank you!\　　(B) "\Thank you!\"

(C) ""Thank you!""　　(D) \\Thank you!\\

13. (　　) 下列 C++ 敘述會輸出何種結果？

```
cout << fixed << setprecision(3) << 3.14159
```

(A) 3.14　(B) 3.141　(C) 3.1415　(D) 3.142

14. (　　) 下列敘述何者不正確？

(A) const int a = 10;　　(B) const char NewLine = '\n';

(C) const int a; a = 10;　　(D) const float b = 3.1 + 6.2;

15. (　　) 定義 2 個常數如下

```
#define W      5
#define L      W + 2
```

若 area = L * W;，則 area 的值為

(A) 35　(B) 15　(C) 27　(D) 25

二、應用題

1. 若 x = 1, y = 2，寫出下列敘述輸出的結果

   (1) cout << x << y;

   (2) cout << "x + y" <<" =" << x + y;

   (3) cout << x + y <<" =" << y + x;

2. 寫一程式，使用下列方式，在螢幕上顯示字串 "This is a C++ program."

   (1) 以兩行顯示，在 C++ 之後換行

   (2) 以一行一個字顯示

3. 下列敘述執行後，輸出的結果為何？

   cout <<"*\n**\n***\n****" << endl;

4. 某位同學寫了一個將 a, b 兩數交換的程式碼如下，請問程式執行後，兩數的值為何？若程式有錯，該如何修正？

```
int main()
{
  int a = 3, b = 6;
  a = b;
  b = a;
}
```

5. 輸入錢包內有多少錢及某一商品的價格，輸出購買該商品後，錢包剩餘的金額。設錢包的錢大於等於該商品價格。

6. 小新在賣衣服，店面租金每天 800 元，一件衣服成本 123 元，賣 200 元。寫一程式，輸入每天賣出的衣服件數，輸出他獲得的利潤。

7. 國外棒球的時速通常使用英里（mile）為單位，台灣則是使用公里（km）為單位，1 mile = 1.6 km，請寫一程式，能輸入英里，輸出對應的公里。

8. 國外長度單位常使用英制單位，例如：身高常用英呎和英吋表示。

   1 英呎 = 12 英吋，1 英吋 = 2.54 公分。

   寫一程式，在依次輸入英呎和英吋後，輸出對應的公分。

9. 圓柱體體積 = 上下底圓面積 × 柱高，表面積 = 上下底圓面積 + 側面積。寫一程式，在依次輸入半徑和柱高後，輸出圓柱體的體積與表面積。

CHAPTER 03

運算式和運算子

本章學習重點

- 運算式與運算子簡介
- 運算子的功能
- 運算子的優先權與結合性
- 型態轉換

本章學習範例

- 範例 3.2.1　兩數交換
- 範例 3.2.2　時差換算 (d050)
- 範例 3.2.2-2　買原子筆 (d827)
- 範例 3.2.2-3　分組問題 (d073)
- 範例 3.2.2-4　秒數格式轉換
- 範例 3.2.3　複合運算子
- 範例 3.2.3-2　整數的位數
- 範例 3.2.6　位元運算
- 範例 3.4.2　字元與 ASCII 碼轉換
- 範例 3.4.2-2　BMI 計算

3.1 運算式與運算子簡介

3.1.1 運算式與敘述

運算式是由運算元（operand）和運算子（operator）組成的，如左下圖，= 和 + 是運算子，sum 和 i 是運算元。敘述則是在運算式後加上分號 ;。

二個或二個以上的敘述可使用大括弧 { } 組成一個區塊（block），例如：右下圖的區塊內有二個敘述，區塊內的敘述可使用 Tab 鍵向內縮排，讓程式區塊的層次更分明，更簡潔易懂，除可增加程式的可讀性，也方便除錯。

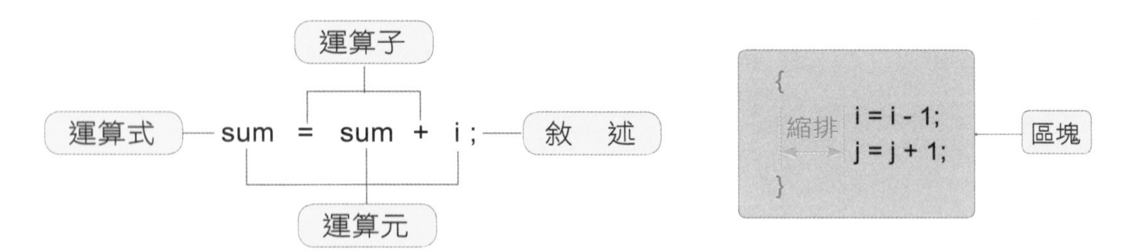

3.1.2 運算子分類

C++ 的運算子可依運算元個數或運算子功能來分類：

1. 依運算元個數分類

(1) 一元運算子（unary operator）：只需一個運算元，例如：

```
x = -1 ;
```

負號 - 是一元運算子，因為 - 後面只需一個運算元。

(2) 二元運算子（binary operator）：需要兩個運算元，例如：

```
x = y + z;
```

加號 + 是二元運算子，因為 + 需要兩個運算元。

(3) 三元運算子（ternary operator）：需要三個運算元，例如：

```
max = x > y ? x : y ;
```

? : 是唯一的三元運算子，上面敘述的功能是「若 x > y 則 max = x，否則 max = y」，下一章會進一步說明。

2. 依運算子功能分類

分類	運算子
指定運算子	=
算術運算子	+ - * / %
複合指定運算子	+= -= *= /= %= >>= <<= &= |= ^=
遞增 / 遞減運算子	++ / --
關係運算子	== != > < >= <=
邏輯運算子	&& || !
位元運算子	>> << & |~^
條件運算子	?
逗號運算子	,
資料大小運算子	sizeof
位址運算子	&

運算子的結合性（associativity）是指一個運算子選擇其運算元的方向，有下列兩種

(1) 左結合性：由左運算至右

例如：2 + 3 + 4，會先計算 2 + 3，得 5，再計算 5 + 4，得 9。

(2) 右結合性：由右運算至左

如 i = 5，會將 5 指定給 i。

大部份的運算子都是左結合性，除了一元運算子和指定運算子（含複合指定運算子），如 ++、--、~、!、sizeof 和 =（含 +=、-=、*=、/=、%= 等）。

3.2 運算子的功能

3.2.1 指定運算子（=）

指定運算子 = 是將運算式的結果指定給變數，屬於右結合性。格式如下：

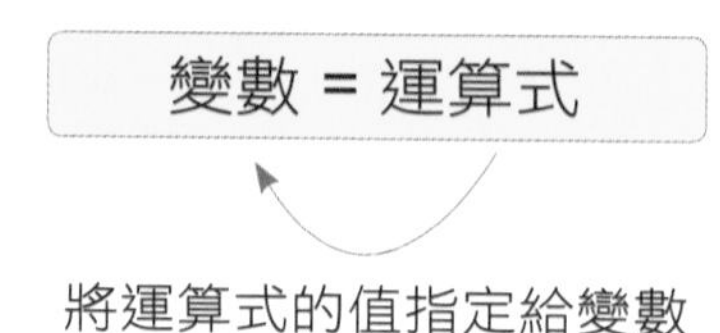

如下例，可將常數、變數、或運算式指定給另一個變數。

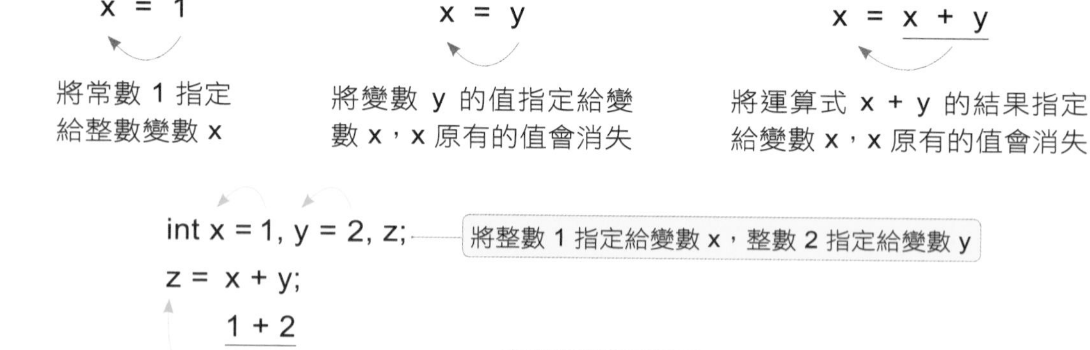

指定運算子可以同時多個連續使用，例如：

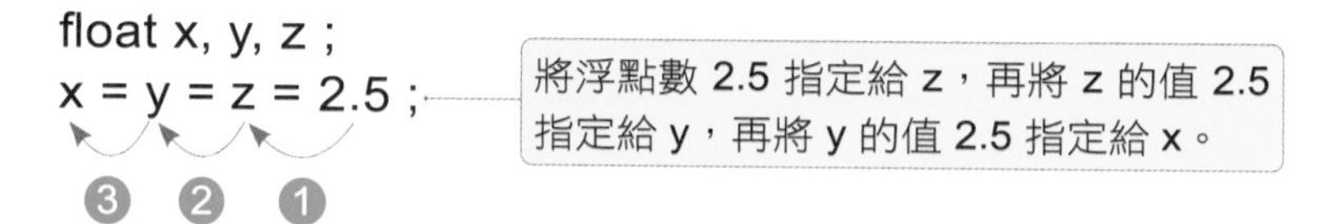

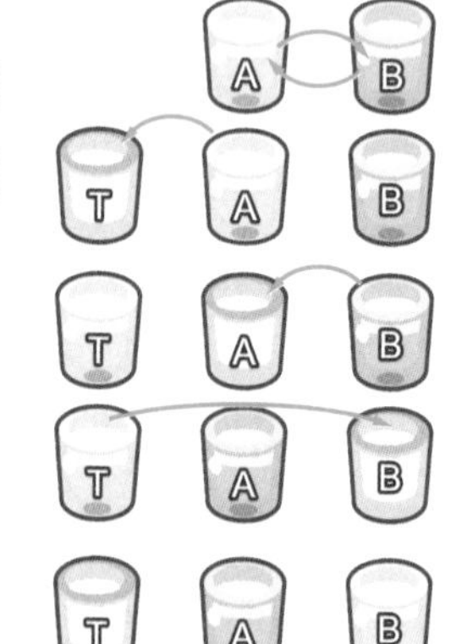

程式設計時，常會用到「兩數交換」，要將它寫成程式，可以想像成有 A B 二杯水，要將這兩個杯子的水互相交換。如右圖，解題步驟設計如下

1. 取出一個空杯 T。
2. 將 A 杯的水，倒入空杯 T。
3. 將 B 杯的水，倒入空杯 A。
4. 將 T 杯的水，倒入空杯 B。

步驟中倒水的動作就是指定運算，所以可將上述步驟轉換成程式碼如下

```
int temp;
temp = a;
a = b;
b = temp;
```

a, b 兩數交換也可以寫成 swap(a, b)，swap 的中文意思就是交換。

範例 3.2.1 兩數交換

輸入兩個整數 a, b，輸出 a, b 兩數交換的結果。

```
1  #include <iostream>
2  using namespace std;
3  int main()
4  {
5      int a, b, temp;
6      cout << "輸入兩個整數";
7      cin >> a >> b;
8      temp = a;
9      a = b;          ── 兩數交換的過程
10     b = temp;
11     cout << "兩數交換後 a = " << a << "\tb = " << b << endl;
12     return 0;
13 }
```

執行結果

```
輸入兩個整數 2 6
兩數交換後 a = 6        b = 2
```

動動腦

若下列程式碼表示 a, b 兩數交換，空格內應填入甚麼運算式？

a =____________; b = a - b; a = a - b;

3.2.2 算術運算子（+, -, *, /, %）

算術運算子提供加減乘除及求餘數等運算，運算子包含如下表：

運算子	作用	運算式	結果	運算元數
+	正號	+5	+5	1
-	負號	-2	-2	1
+	加	5 + 2	7	2
-	減	5 - 2	3	2

運算子	作用	運算式	結果	運算元數
*	乘	5 * 2	10	2
/	除	16 / 3	5	2
%	餘	16 % 3	1	2

1. 例如：數學式 $d = b^2 - 4ac$ 可使用以下敘述表示

```
d = b * b - 4 * a * c;
```

2. % 取餘數，兩個運算元必須都是整數，例如：10 % 2.5 是錯誤的語法，因為 2.5 不是整數。

3. 若兩運算元都是整數，/ 運算是求商，若其中一者為浮點數，則是除法運算。例如：

```
15 / 2                                    得   7
15.0 / 2 或 15 / 2.0 或 15.0 / 2.0        得   7.5
```

4. 運算優先權順序

   ① 正負 + -　② 乘除餘 * / %　③加減 + -　④ 指定 =

   如下例，p 值的運算過程如下：

```
int i = 1, j = 2, k = 4, p;
p = i + 2 * j  -  22 / k;      */ 運算權高於 + - =，所以先計算 2 * j 與 22 / k
        4          5
p = i + 4      -   5           + - 運算權高於 =，所以先計算 i + 4 - 5
      5        -   5
p = 0
```

5. 算術運算子中，沒有指數次方運算子。

範例 3.2.2 時差換算 (d050)

小明的朋友住在美國，比台灣慢 15 個小時，他想打電話給他，但又怕半夜吵到對方。請寫一個程式，使用 24 小時制，將台灣時間換算成美國時間。

輸入：台灣時間

輸出：美國時間

解題方法

1. 若台灣時間為 h 點，美國時間應該是 (h + 24 - 15) % 24 點。
2. 例如：台灣時間 21 點，美國時間應該是 (21 + 24 - 15) % 24 點，為 6 點。

```
 1  #include <iostream>
 2  using namespace std;
 3
 4  int main()
 5  {
 6      int h;
 7
 8      cout << "台灣時間（點）";
 9      cin >> h;
10
11      cout << "美國時間（點）" << (h + 24 - 15) % 24 << endl;
12
13      return 0;
14  }
```

直接輸出時間換算後的結果

執行結果

```
台灣時間（點）21
美國時間（點）6
```

範例 3.2.2-2 買原子筆 (d827)

原子筆一支 5 元，一打 50 元。若全班每位同學都要買一枝，最少要花多少錢？

輸入：班級學生數

輸出：所需的費用

解題方法

1. 將學生每 12 人分成一組，每組買 1 打，分組剩餘的學生，每人買 1 枝。若學生數為 n，共需買 (n / 12) 打，剩餘的學生數為 (n % 12)。
2. 所需的費用為 (n / 12) * 50 + (n % 12) * 5。

```
1  #include <iostream>
2  using namespace std;
3
4  int main()
5  {
6      int n;
7      cout << "班級學生人數";
8      cin >> n;
9
10     cout << "所需的費用為 "
           << (n / 12) * 50 + (n % 12) * 5 << "元" << endl;
11
12     return 0;
13 }
```

打數所需的費用　　枝數所需的費用

執行結果

```
班級學生人數 42
所需的費用為 180 元
```

範例 3.2.2-3 分組問題 (d073)

上課時老師依照座號分組，每組 3 人。寫一個程式，能依座號查詢同學分到的組別。例如：8 號分到第 3 組。

輸入：座號

輸出：組別

解題方法

一組 3 人，先觀察「座號 / 3」的情形，如下表第 2 列，第 0 組只有 2 人，所以可先將座號右移兩位（座號 + 2），消除第 0 組，再除以 3，得第 3 列，便可以分配成每 3 人一組。

座號	1	2	3	4	5	6	7	8
座號 / 3	0	0	1	1	1	2	2	2
(座號 + 2) / 3	1	1	1	2	2	2	3	3

```
1  #include <iostream>
2  using namespace std;
3  int main()
4  {
5      int n;
6      cout << "輸入座號";
7      cin >> n;
8      cout << "第" << (n + 2) / 3 << "組" << endl;
9      return 0;
10 }
```

n + 2 是整數，所以 (n + 2) / 3 可得商

執行結果

```
輸入座號 16
第 6 組
```

範例 3.2.2-4 秒數格式轉換

將輸入的秒數轉換成「時 : 分 : 秒」的格式。

解題方法

1. 總秒數 ts 除以 60 的商 (ts / 60)，可得到總分鐘數，總分鐘數再除以 60 的商，可得時 (h)。h = ts / 60 / 60。
2. 總分鐘數 (ts / 60) 除以 60 的餘數可以得到分 (m)，所以分 m = ts / 60 % 60。
3. 總秒數 ts 除以 60 的餘數可以得到秒 (s)，所以秒 s = ts % 60。

```
1  #include <iostream>
2  using namespace std;
3  int main()
4  {
5      int ts, h, m, s;
6      cout << " 輸入秒數 ";
7      cin >> ts;
8      h = ts / 60 / 60;          // 取得時數
9      m = ts / 60 % 60;          // 取得分數
10     s = ts % 60;               // 取得秒數
11     cout << h << ":" << m << ":" << s << endl;
12     return 0;
13 }
```

執行結果

```
輸入秒數 39016
10:50:16
```

3.2.3 複合指定運算子

複合指定運算子是指定運算子和算術或位元運算子結合在一起的運算子。格式如下，其中運算子 op 是算術運算子 + - * / %（加減乘除餘）或位元運算子 & |~^（AND OR NOT XOR）<< >>（左移右移）之一。

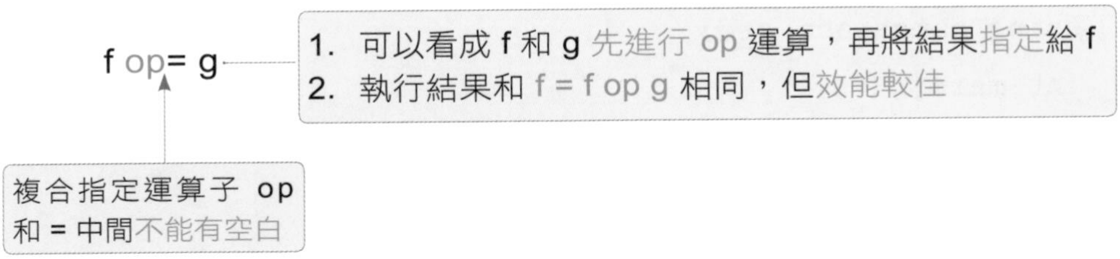

f op= g

1. 可以看成 f 和 g 先進行 op 運算，再將結果指定給 f
2. 執行結果和 f = f op g 相同，但效能較佳

複合指定運算子 op 和 = 中間不能有空白

以 a += 3 為例，「+=」表示編譯器會先進行 +，再進行 =，所以 a 會先加 3，然後再將加 3 後的值指定給 a。以下是複合指定運算子的實例

複合指定運算式	一般指定運算式
i += j	i = i + j
i -= 1	i = i - 1
i /= 3	i = i / 3
i %= 2	i = i % 2

複合指定運算子是指定運算子的一種，所以算術運算子的優先權高於複合指定運算子。

如下例 i *= j + 1，+ 的運算優先權高於 *=，所以運算的順序如下

1. 先執行 j + 1

2. 再執行 i * (j + 1)

3. 將 i * (j + 1) 指定 (=) 給 i

若無法確定運算的優先順序，可將先要執行的運算使用小括號 () 括起來，避免錯誤。

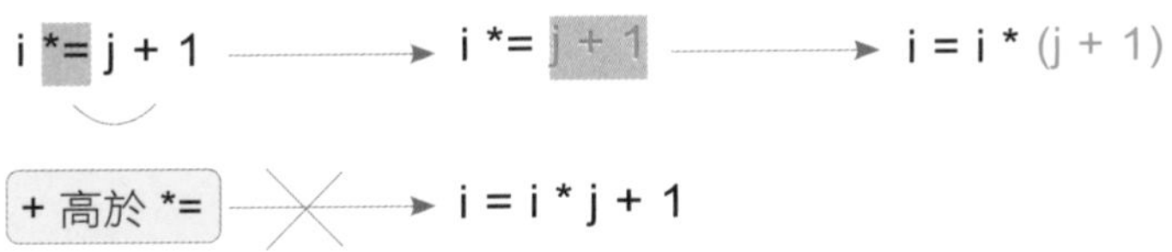

i *= j + 1 → i *= j + 1 → i = i * (j + 1)

+ 高於 *= ✕→ i = i * j + 1

範例 3.2.3 複合運算子

依序輸入 x, y, z 三個整數，每輸入一個整數時，立即輸出所輸入之所有整數和。請使用複合運算子。

```
 1  #include <iostream>
 2  using namespace std;
 3  int main()
 4  {
 5      int x, y, z, sum = 0;
 6      cout << " 輸入整數 x ";
 7      cin >> x;
 8      sum += x;
 9      cout << "sum = " << sum << endl;
10      cout << " 輸入整數 y ";
11      cin >> y;
12      sum += y;        等同 sum = sum + y
13      cout << "sum = " << sum << endl;
14      cout << " 輸入整數 z ";
15      cin >> z;
16      sum += z;        等同 sum = sum + z
17      cout << "sum = " << sum << endl;
18      return 0;
19  }
```

執行結果

```
輸入整數 x 10
sum = 10
輸入整數 y 15
sum = 25
輸入整數 z 20
sum = 45
```

範例 3.2.3-2 整數的位數

輸入一個 3 位數的整數，將其各個位數顯示出來，例如：輸入 239，顯示 2 3 9。

輸入：3 位數的整數

輸出：使用定位點輸出整數的各個位數

解題方法

1. 若整數為 n，個位數：n % 10。
2. 十位數：n/10 可得商，所以可去除個位數，再將此數 %10，可得十位數。
3. 百位數：將步驟 2 的所得的數 n 除以 10，即 n / 10，再將此數 % 10。
4. 例如：將整數 578 各個位數顯示出來的步驟可圖解如下

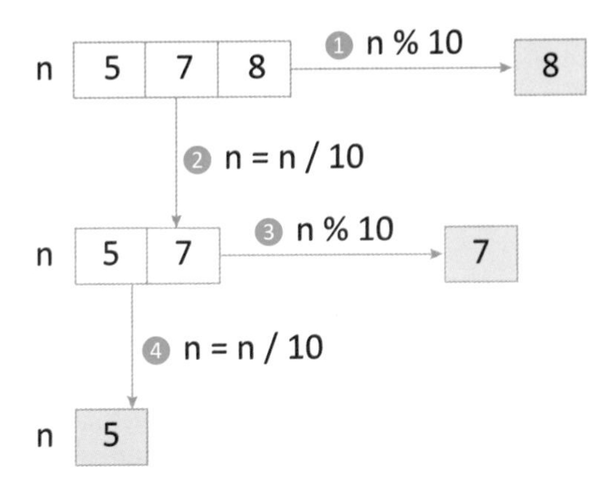

同理，反複使用運算子 % 和 /，可找出 n 位數整數的各個位數。

5. 由步驟 4 可以找出顯示各個位數的通則

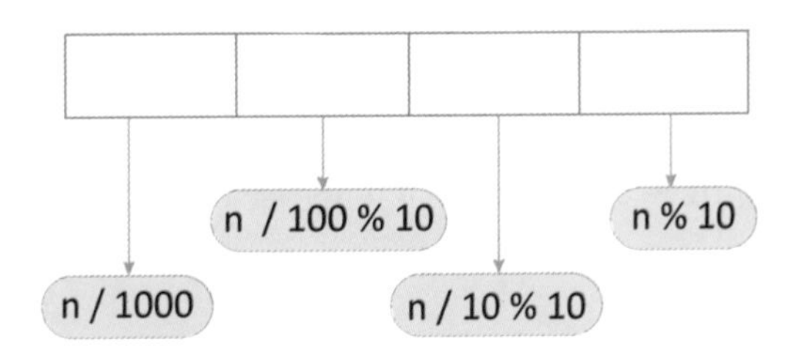

```
 1  #include <iostream>
 2  using namespace std;
 3  int main()
 4  {
 5     int n, d1, d2, d3;
 6     cout << " 輸入一個三位數整數 ";
 7     cin >> n;
 8     d1 = n % 10;          // 求出個位數
 9     n = n / 10;
10     d2 = n % 10;          // 求出十位數
11     n = n / 10;
12     d3 = n;               // 求出百位數
13     cout << d3 << "\t" << d2 << "\t" << d1;
14     return 0;
15  }
```

執行結果

```
輸入一個三位數整數 578
5       7       8
```

程式說明

◆ 第 8 行

d1 = 578 % 10 = 8，取得個位數 8

◆ 第 9 行

n = n / 10，所以 n = 578 / 10 = 57

◆ 第 10 行

d2 = n % 10，所以 d2 = 57 % 10 = 7，取得十位數 7

◆ 第 11 行

n = n / 10，所以 n = 57 / 10 = 5

◆ 第 12 行

d3 = n，所以 d3 = 5，取得百位數 5

3.2.4 遞增 / 遞減運算子（++ / --）

遞增運算子 ++ 可提供變數加 1 的運算，遞減運算子 -- 可提供減 1 的運算。下面四個敘述都會讓 x 加 1 或減 1。

```
++x;
x++;
x += 1;
x = x + 1;
```

```
--x;
x--;
x -= 1;
x = x - 1;
```

遞增 / 遞減運算子前置（prefix）與後置（postfix）是不同的。前置是指 ++ 或 -- 在變數的前面，後置是指 ++ 或 -- 在變數的後面。

順序	運算式	運算說明
前置	++i 或 --i	先加 1 或減 1
後置	i++ 或 i--	後加 1 或減 1

如下表，若 x = 3，y = ++x 和 y = x++ 是不同的。y = ++x 會先執行 ++，再執行 =；y = x++ 會先執行 =，再執行 ++。兩者執行的結果不一樣。

順序	實例	執行順序	運算順序	運算過程	結果
前置	y = ++x	先 ++ 後 =	++x; y = x;	y = ++x → x = 4 y = x → y = 4	x = 4 y = 4
後置	y = x++	先 = 後 ++	y = x; x++;	y = x++ → y = 3 x++ → x = 4	x = 4 y = 3

3.2.5 逗號運算子（,）

逗號運算子，是用來分隔敘述的，其運算優先權最低。例如：

```
int i = 1, j = 2;
++i, ++j;
```

3.2.6 位元運算子（&, |,~, ^, <<, >>）

位元運算子如下表，是指逐位元（bitwise）進行運算的運算子。電腦使用二進位，因此位元運算最符合電腦運作原理，專業程式設計師常使用位元運算。

複合指定運算子、遞增 / 遞減運算子、位元運算子的執行效率較好，這是 C 系列語言較其他程式語言強的特點，初學者可能較不習慣使用，但值得深入研究，提高程式設計的能力。

運算子	運算	中文意義
&	AND	且
|	OR	或
~	NOT	反
^	XOR	互斥
<<	SHL	左移
>>	SHR	右移

1. &（AND）運算：下表為 a, b 兩個 bit 進行 & 運算顯示的結果。

a	b	a & b
0	0	0
0	1	0
1	0	0
1	1	1

只有兩個 bit 都是 1 時，& 位元運算的結果才會是 1，否則為 0。例如：

250 & 180 = $1111\ 1010_2$ & $1011\ 0100_2$ = $1011\ 0000_2$ = 176

```
   1 1 1 1   1 0 1 0
 & 1 0 1 1   0 1 0 0
 -------------------
   1 0 1 1   0 0 0 0
```

2. |（OR）運算：下表為 a, b 兩個 bits 進行 | 運算顯示的結果。

a	b	a | b
0	0	0
0	1	1
1	0	1
1	1	1

只要其中一個 bit 是 1 時，| 位元運算的結果就會是 1，只有兩個 bit 都是 0 時，結果才會是 0。例如：

$250 \mid 180 = 1111\ 1010_2 \mid 1011\ 0100_2 = 1111\ 1110_2 = 254$

```
   1 1 1 1   1 0 1 0
|  1 0 1 1   0 1 0 0
--------------------
   1 1 1 1   1 1 1 0
```

3. ~（NOT）運算：下表為 bit a 進行 ~ 運算顯示的結果。

a	~a
0	1
1	0

~0 = 1, ~1 = 0。~ 會倒反變數每個位元的 0 和 1 。

4. ^（XOR）運算：下表為 a, b 兩個 bits 進行 ^ 運算顯示的結果。

a	b	a ^ b
0	0	0
0	1	1
1	0	1
1	1	0

只有兩個 bit 不同時，^ 位元運算的結果才會是 1，否則為 0。例如：

$250 \wedge 180 = 1111\ 1010_2 \wedge 1011\ 0100_2 = 0100\ 1110_2 = 78$

```
   1 1 1 1   1 0 1 0
^  1 0 1 1   0 1 0 0
--------------------
   0 1 0 0   1 1 1 0
```

5. << 左移運算（SHL）

往左移動一個變數的所有位元，移動後，最高位元會消失，最低位元補 0。例如：

$19 \ll 1 \rightarrow 0001\ 0011_2 \ll 1 \rightarrow 0010\ 0110_2 = 38$

因此左移 1 個位元等於 ×2，左移 2 個位元等於 ×4（2^2），依此類推。

6. >> 右移運算（SHR）往右移動一個變數中的所有位元，移動之後，最低位元會消失，最高位元補 0。例如：

$140 \gg 2 \rightarrow 1000\ 1100_2 \gg 2 \rightarrow 0010\ 0011_2 = 35$

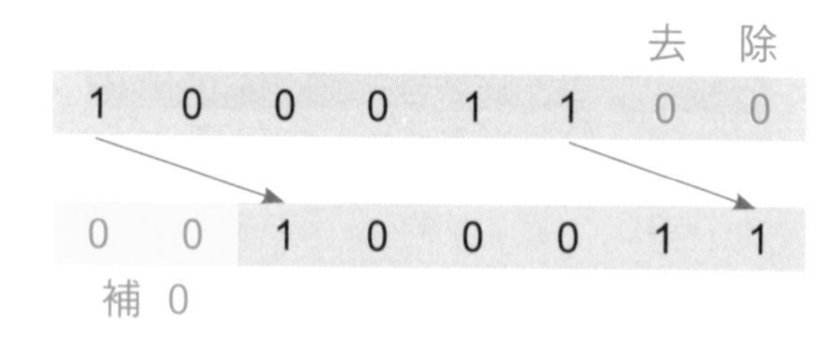

因此右移 1 個位元等於 / 2，右移 2 個位元等於 / 4（2^2），依此類推。

位元運算子的優先權為 ① ~ ② << >> ③ & ④ |。左移 << 和右移 >> 的位元移量若是負值，或超過運算元的 bits 數，可能會發生不可預期的結果。

十進位數所有位數都向左移動一位，等於原數 ×10，移動兩位，等於 ×100 (10^2)。向右移動一位，等於原數 ÷10，移動兩位，等於 ÷100 (10^2)。

同理，二進位數所有位數向左移動一位，等於原數 ×2，移動兩位，等於 ×4 (2^2)。向右移動一位，等於原數 ÷2，移動兩位，等於 ÷4 (2^2)，所以位元移動常被使用於乘除運算。例如：

```
8 << 1 = 16 (8×2) // 0000 1000 << 1 → 0001 0000 = 16
8 << 2 = 32 (8×4) // 0000 1000 << 2 → 0010 0000 = 32
8 >> 1 = 4 (8÷2)  // 0000 1000 >> 1 → 0000 0100 = 4
8 >> 2 = 2 (8÷4)  // 0000 1000 << 2 → 0000 0010 = 2
```

以下列舉一些位元運算子的應用，大家可使用程式測試是否正確。

1. 判斷 n 是奇數或偶數

```
n & 1;
```

結果 0 為偶數，1 為奇數。

二進位奇數最右邊的位元必為 1，偶數必為 0。1 除了最右邊位元為 1 外，其餘位元皆為 0，所以 n & 1 只會留下最右邊的位元，其餘位元都會被 & 0 運算遮掉。

2. 找出最大的非負整數 max

```
unsigned max = ~0;
```

無正負號的整數 0 有 4 bytes 的二進位數 0，~0 會變成 4 bytes 都是二進位 1，每個 bit 都是 1，就是最大的非負整數。

3. x, y 兩數交換

```
x ^= y ^= x ^= y;
```

使用互斥複合運算子 ^=，一行敘述就能完成兩數的交換。

4. 判斷整數 n 是不是 2 的次方

```
n & -n
```

結果等於 n，則 n 是 2 的次方；不等於 n，則 n 不是 2 的次方。

5. 把整數 n 的第 5 bit 強制標記為 1

```
n | (1 << 4)
```

1 << 4 會將 1 左移 4 位元，至第 5 bit。因為第 5 bit 是 1，再和 n 進行 | 運算，運算結果的第 5 bit 也會是 1。

6. 把整數 n 的第 5 bit 強制反轉，也就是 0 變 1，1 變 0

```
n ^ (1 << 4)
```

1 << 4 運算後的第 5 bit 是 1，如果 n 的第 5 bit 是 1，1 ^ 1 為 0，結果的第 5 bit 會是 0。同理，如果 n 的第 5 bit 是 0，0 ^ 1 為 1，結果的第 5 bit 會是 1。因此此運算會將整數 n 的第 5 bit 強制反轉。

位元運算比一般運算執行效能好，但由上面例子可以發現，這些程式並不易閱讀，引用時，最好輔助註解說明，避免程式的後續維護困難。

7. 「位元」運算的結果是一個整數，與「邏輯」運算的結果是布林值不同。&, &&、|, ||、~, ! 不同，以 &, && 為例

```
250 &  180 = 176
250 && 180 = true && true = true (1)
```

範例 3.2.6 位元運算

輸入兩個整數，以一行一個運算，輸出以下結果

1. 兩數進行 AND、OR、XOR 運算
2. 第一數進行 NOT 運算，左移 3 bits 運算

```
 1  #include <iostream>
 2  using namespace std;
 3  int main()
 4  {
 5      int a, b;
 6      cout << " 輸入兩個整數 ";
 7      cin  >> a >> b;
 8      cout << a << " & " << b << "= " << (a & b) << endl
 9           << a << " | " << b << "= " << (a | b) << endl
10           << a << " ^ " << b << "= " << (a ^ b) << endl
11           << "~" << a << " = " << (~a) << endl
12           << a << " << 3 = " << (a << 3) << endl;
13      return 0;
14  }
```

<< 的優先權高於關係、邏輯、位元運算，所以 cout 內的位元運算需加上 ()，否則編譯時，會產生錯誤

執行結果

```
輸入兩個整數 5 9
5 & 9 = 1
5 | 9 = 13
5 ^ 9 = 12
~5 = -6
5 << 3 = 40
```

3.2.7 資料大小運算子（sizeof）

sizeof 屬於一元運算子，只有一個運算元，會傳回變數或資料型態所占的記憶體空間大小。sizeof 常用於宣告結構（structure），可動態配置結構的記憶體空間。格式如下

```
sizeof 運算元；      或      sizeof （運算元）；
```

例如：

```
x = sizeof(1);       // 1 是整數，整數占 4 bytes，所以 x = 4
y = sizeof(1L);      // 1L 是長整數，long 占 4 bytes，所以 y = 4
z = sizeof(1.0d);    // 1.0d 是雙精度浮點數，double 占 8 bytes，所以 z = 8
```

3.2.8 取址運算子（&）

取址運算子 & 可取得變數儲存在記憶體的位址，第 9 章將會詳細介紹。格式如下：

```
& 變數；
```

3.3 運算子的優先權與結合性

各運算子的運算優先權及結合性（associativity）如下表。

序	運算子	說明	結合性
1	::	範圍解析	-
2	++	後置遞增	左
	--	後置遞減	
	( )	函數呼叫	
	[]	陣列標註	
	->	指標成員	
3	++	前置遞增	右
	--	前置遞減	
	+	正號	
	-	負號	
	~	位元取反	
	!	邏輯 NOT	
	sizeof	資料的大小	
	&	變數的位址	
	*	指標指向的值	
	new	動態記憶體配置	
	delete	動態記憶體釋放	
	(類型)	強制轉換類型	
4	.* ->*	指標存取	
5	*	乘	左
	/	除	
	%	餘數	
6	+	加	
	-	減	
7	<<	位元左移	
	>>	位元右移	

序	運算子	說明	結合性
8	<	小於	左
	<=	小於等於	
	>	大於	
	>=	大於等於	
9	==	相等	
	!=	不相等	
10	&	位元 AND	
11	^	位元 XOR	
12	|	位元 OR	
13	&&	邏輯 AND	
14	||	邏輯 OR	
15	=	指定	右
	*=	複合指定	
	/=		
	%=		
	+=		
	-=		
	>>=		
	<<=		
	&=		
	^=		
	|=		
	? :	條件	
16	,	逗號	左

1. 同一順序之運算子具有相同的優先權。例如：* / % 有相同的優先權。
2. 無法確定優先權時，可使用小括號 ( ) 安排運算的順序。
3. 除一元運算子及指定運算子（含複合指定）是右結合外，其他都是左結合。

3.4 型態轉換

3.4.1 自動轉換

了解型態轉換（type cast）很重要，因為程式設計時，常會有不同型態的資料進行運算，不了解型態轉換，很容易造成程式的錯誤。

不同型態的變數進行指定運算時，編譯器會自動進行型態轉換。轉換的類型有下列兩種

1. 提升（少指定給多）

   將較少位元的型態指定給較多位元的型態時，會將較少位元的資料提升至較多位元的型態。轉換的方向如下圖

   char → short → int → unsigned → long → float → double

   例如：

```
int n = 2;
float m;
m = n;
```

   將 n 指定給浮點數 m，編譯器會將 2 提升為 float，所以 m = 2.0

2. 截斷（多指定給少）

   將較多位元的型態指定給較少位元的型態，會捨棄較多位元的部份內容。

   例如：

```
int n;
float m  = 2.5;
n = m;
```

   將 m (2.5) 指定給整數 n，編譯器會將 2.5 截斷為整數，所以 n = 2

不同型態的變數進行指定以外的運算時，結果的型態會以較多位元者為主，如下表的實例，其中 a op b 表示 a, b 兩變數運算（op）的結果。

a 的資料型態	b 的資料型態	a op b 的資料型態
整數（int）	整數（int）	int op int → 整數（int）
整數（int）	浮點數（float）	int op float → 浮點數（float）
雙精度浮數點（double）	整數（int）	double op int → 雙精度浮數點（double）

例 1：除法的資料轉換。例如：

```
1 / 2 = 0              int / int → int
1 / 2.0 = 0.5          int / float → float
1.0 / 2 = 0.5          float / int → float
1.0 / 2.0 = 0.5        float / float → float
```

例 2：整數與浮點數運算後，將運算結果指定給浮點數。例如：

```
int a = 2 ;
float b = 0.6, y;
y = a + b;
```

如下圖，y（浮點數）= a（整數）+ b（浮點數），a 會被提升為浮點數，變為 2.0，y = a + b = 2 + 0.6 = 2.0 + 0.6 = 2.6。

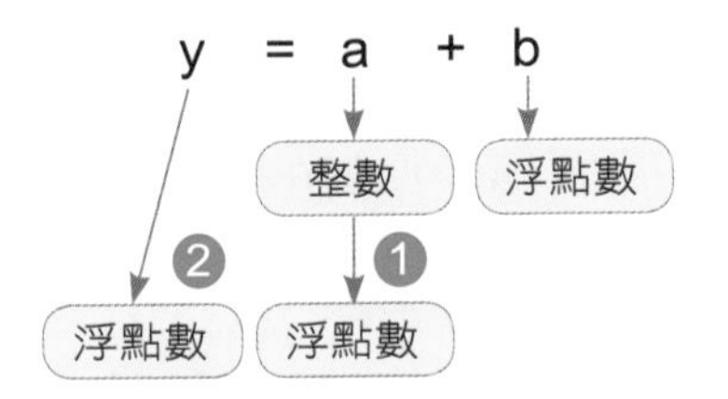

例 3：整數與浮點數運算後，將運算結果指定給浮點數。例如：

```
int a = 2, y;
float b = 0.6;
y = a + b;
```

如下圖，y（整數）= a（整數）+ b（浮點數），a 會被提升為浮點數，變為 2.0，y = a + b = 2.0 + 0.6 = 2.6，因為 y 是整數，y = 2.6 時，2.6 會自動被截斷為 2，y = 2。

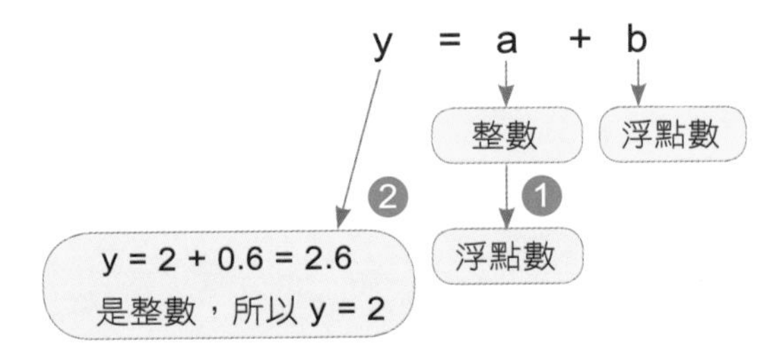

3.4.2 強制轉換

強制轉換是使用括號 ( ) 運算子，強制轉換變數的型態。格式如下

```
(型態) 變數;        或        型態 (變數);
```

例如：

```
(char) c            // 將 c 轉換成字元 char
(int)(a + b)        // 將 a + b 的值轉換成整數 int
(float)(10 / 4)
   // 10 / 4 得 2，將 10 / 4 的值轉換成 float，可得 2.0
(float) 10 / 4
   // 先將 10 轉換成 float，變成 10.0 / 4，可得 2.5
```

強制轉換型態的另一個例子

```
float n = 1.5;
int m = (int)n;
```

先將浮點數 n (1.5) 強迫轉換成 int，再指定給 m，m = 1

第二行敘述也可以寫成

```
int m = int(n);
```

注意，指定運算中左值強制型態轉換是不合法的，如下例，是常見的錯誤

```
int a = 2, b;
(float) b = a;
```

錯誤，指定運算中，左值是不能強制轉換型態的。編譯時，會產生錯誤。

範例 3.4.2 字元與 ASCII 碼轉換

寫一程式，輸入一個 33~126 的 ASCII 碼，使用強制轉換型態的方式，顯示對應的字元，或輸入字元，顯示對應的 ASCII 碼。

```
1  #include <iostream>
2  using namespace std;
3
4  int main()
5  {
6      int a;
7      char c;
8      cout << "輸入一個 ASCII 碼 (33~126)";
9      cin >> a;
10     cout << "它所代表的字元為" << (char)a << endl << endl;
11
12     cout << "輸入一個字元";
13     cin >> c;
14     cout << "它所代表的 ASCII 碼為" << (int)c << endl;
15
16     return 0;
17 }
```

將整數（ASCII 碼）強制轉換為字元

將字元強制轉換為整數（ASCII 碼）

執行結果

```
輸入一個 ASCII 碼 (33~126)88
它所代表的字元為 X

輸入一個字元!
它所代表的 ASCII 碼為 33
```

範例 3.4.2-2 BMI 計算

使用者輸入身高（cm）和體重（kg）後，能將「身體質量指數 BMI」顯示於螢幕上。其中，BMI = 體重 (kg) / 身高 ^{2} (m^2)

輸入：身高 (cm) 和體重 (kg) 兩整數

輸出：BMI 的值

解題方法

1. 因為身高的單位是 cm，BMI 計算用的是 m，所以需先將 cm 轉成 m。
2. 「整數 / 整數」只會得到商，將身高 h 的單位 cm 轉成公尺 m 時，因為 h 是整數，h / 100 會將小數截斷，所以需使用 (float) h 將 h 強制轉成浮點數。

```
1  #include <iostream>
2  using namespace std;
3  int main()
4  {
5     int h, w;
6     float bmi, m;
7     cout << "輸入身高（cm）";
8     cin >> h;
9     cout << "輸入體重（kg）";
10    cin >> w;
11    m = (float) h / 100;
12    bmi = w / (m * m);
13    cout << "BMI = " << bmi << endl;
14    return 0;
15 }
```

將 h 強制轉成浮點數，才會得到正確的數值

執行結果

```
輸入身高(cm)170
輸入體重(kg)60
BMI = 20.7612
```

程式說明

◆ 第 11 行

1. h 宣告為 int 時，m = h / 100 = 170 / 100 = 1，但身高 170 cm 應該換算成 1.7 m。
2. 強制將 h 轉換成 float 時，m = h / 100 = 170.0 / 100 = 1.7，才能得到正確的結果。

學習挑戰

一、選擇題

1. (　　) 若 a = 2, b = 3, c = 4, d = 5，則 b / a + c / b + d / b 之值為何？

   (A) 3　　(B) 4　　(C) 5　　(D) 6

2. (　　) 執行下列敘述後，p 值為何？

   int i = 1, j = 2, k = 4, p;

   p = i + 2 * j – i / k;

   (A) 6　　(B) 4　　(C) 5　　(D) 2

3. (　　) 若 n = 583，執行下列敘述後，下列何者不正確？

   a = n % 10; n /= 10; b = n % 10; c = n / 10;

   (A) a = 3　　(B) b = 8　　(C) c = 5　　(D) n = 5

4. (　　) 若 x = 3，執行運算式 y = ++x 後，x, y 之值為

   (A) 4, 4　　(B) 3, 3　　(C) 4, 3　　(D) 3, 4

5. (　　) 下列哪一個敘述無法將變數 x 的值加 1 ？

   (A) x = x + 1;　　(B) x =+ 1;　　(C) x++;　　(D) ++x;

6. (　　) 72 & 23 =

   (A) 0　　(B) 1　　(C) 64　　(D) 23

7. (　　) 22 | 23 =

   (A) 22　　(B) 23　　(C) 45　　(D) 1

8. (　　) 使用位元運算子，a = b * 128 可以寫成 a = ？

   (A) b << 6　　(B) b << 7　　(C) b >> 6　　(d) b >> 7

9. (　　) 下列那一個運算式可作為奇偶數的判斷？

   (A) n & 1　　(B) n | 1　　(C) n << 1　　(D) n >> 1

10. (　　) a = sizeof(char), b = sizeof(int), c = sizeof(double), d = sizeof(bool)，何者最大？

(A) a　　(B) b　　(C) c　　(D) d

11. (　　) 執行下列敘述後，y 值為何？

int a = 2, y ; float b = 0.6; y = a + b;

(A) 2　　(B) 2.6　　(C) 語法錯誤　　(D) 編譯錯誤

二、應用題

1. 使用三元運算子表示敘述「若 a > b 則 min = b，否則 min = a」。
2. 寫出三種將 a, b 兩數交換的敘述。
3. 百貨公司周年慶推出消費每滿 1000 元，就折抵 100 元。寫一程式，輸入消費金額後，能輸出應付金額。
4. 小明到商店購物，花了 n 元 (<= 1000)，他拿出一張千元紙鈔，請寫一程式，能輸出最多要找回幾張 500, 100 元紙鈔，幾個 50, 10, 5, 1 元銅板。
5. 輸入一梯形的上底、下底、高，輸出此梯形的面積。
6. 寫一程式，輸入一個 6 位數後，能輸出其奇位數與偶位數和的差。例如：輸入 201856，奇位數的和 6 + 8 + 0 = 14，偶位數的和 5 + 1 + 2 = 8，所以輸出 14 - 8 = 6。
7. XOR 運算子 ^ 可以做為資料加解密運算。寫一程式，輸入任一字元與某個整數後，將此字元連續與此數 XOR 運算兩次，觀察會有何結果。

CHAPTER 04

選擇結構

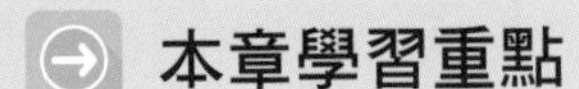

本章學習重點

- 程式流程控制
- 關係運算子與邏輯運算子
- if 敘述
- switch – case 敘述
- APCS 實作題 – 選擇結構

本章學習範例

- 範例 4.2.1 關係運算子 (d068)
- 範例 4.2.2 0 與 1 (d063)
- 範例 4.3.1 成績判斷
- 範例 4.3.1-2 偶數個數
- 範例 4.3.2 奇偶數 (d064)
- 範例 4.3.2-2 大寫字母判斷
- 範例 4.3.2-3 打折問題
- 範例 4.3.2-4 三角形面積 (d489)
- 範例 4.3.3 三數最大者 (d065)
- 範例 4.3.3-2 計分程式 (a053)
- 範例 4.3.3-3 閏年判斷 (a004)
- 範例 4.4 二元五則運算
- 範例 4.4-2 等第判斷
- 範例 4.4-3 月份轉季節
- 範例 4.5.1 籃球賽 (201906 APCS 第 1 題)
- 範例 4.5.2 邏輯運算子 (201710 APCS 第 1 題)
- 範例 4.5.3 三角形辨別 (201610 APCS 第 1 題)

4.1 程式流程控制

程式通常會依照敘述的順序，從第一行、第二行、直到最後一行，一步一步循序地執行。但很少程式會如此簡單，程式常需要根據條件判斷，選擇執行不同的程式碼，或重複執行相同的程式碼。這種選擇程式分支和決定敘述執行的順序，就是程式流程控制。

為了使程式容易閱讀、除錯、及維護，最好使用結構化程式設計，也就是只使用下列三種結構設計程式，避免使用跳躍結構 goto。

1. 循序（sequence）結構

   如下圖，按照敘述出現的順序，一步一步循序地執行

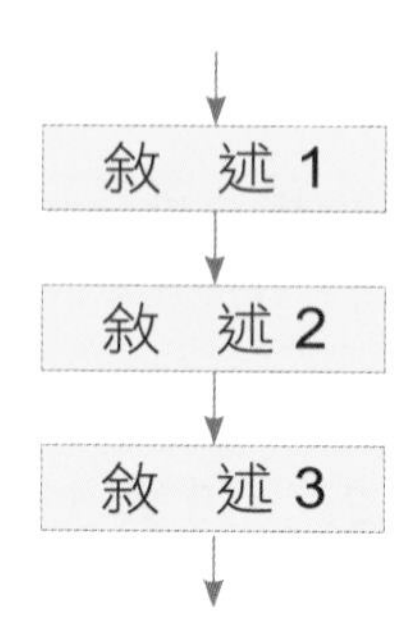

2. 選擇（selection）結構

   根據條件判斷的結果，選擇執行不同的程式碼。如 if、if - else、switch 等指令。

3. 重複（repetition）結構

   重複執行某些程式碼，直到滿足特定條件，如 for、while、do while 等指令。

4.2 關係運算子與邏輯運算子

4.2.1 關係運算子（==, !=, >, <, >=, <=）

選擇結構會根據條件判斷的結果，選擇不同的程式碼執行。重複結構也會根據條件判斷的結果，決定是否繼續執行相同的程式碼。條件判斷常會用到關係運算式或邏輯運算式。

關係運算是用來比較兩個運算式的大小關係，運算結果是布林值，不是 1（true），就是 0（false）。關係運算子如下，其運算順序是由左至右。

運算子	數學式	意義	運算式	結果
==	=	等於	(2 == 1)	0
!=	≠	不等於	(2 != 1)	1
>	>	大於	(2 > 1)	1
<	<	小於	(2 < 1)	0
>=	≥	大於等於	(2 >= 1)	1
<=	≤	小於等於	(2 <= 1)	0

1. 關係運算子的優先權低於算術運算子。如下例中，若 a = 2, b = 3, c = 6

```
(a == 5)            —— a = 2 不等於 5，所以為 false
(a * b >= c)        —— (2 * 3 >= 6)，(6 >= 6)，所以為 true
(b + 4 > a * c)     —— (3 + 4 > 2 * 6)，(7 > 12)，所以為 false
```

2. 關係運算子中間，不可以留有空白，次序也不可以更換。例如：

```
0 == 0     0 = = 0     5 >= 3     5 => 3
```

錯誤，中間不可以留有空白（0 = = 0）

錯誤，>= 的次序不可更換（5 => 3）

3. 指定運算子 = 和關係運算子 == 是不同的。

=	指定運算子	將右邊運算式的值指定給左邊的變數
==	關係運算子	比較兩個運算元的值是否相等

範例 4.2.1 關係運算子 (d068)

老師宣布，學期成績 59 分者，一律以 60 分計，不用補考。寫一程式，使用關係運算子，將 59 分自動加 1 分，其餘成績不變。

輸入：學生成績

輸出：處理後的成績

解題方法

若成績變數為 s，成績 59 分的條件是 (s == 59)，條件成立時，關係式會得 1，不成立則會得 0，所以可直接輸出 s + (s == 59)。

```
1  #include <iostream>
2  using namespace std;
3
4  int main()
5  {
6     int s;
7     cout << "學生成績 ";
8     cin >> s;
9
10    cout << "處理後的成績 " << s + (s == 59) << endl;
11    return 0;
12 }
```

若 s 等於 59，(s == 59) 會是 1，輸出 59+1。
若 s 不等於 59，(s == 59) 會是 0，輸出 s+0

執行結果

```
學生成績 59
處理後的成績 60

學生成績 65
處理後的成績 65
```

4.2.2 邏輯運算子（&&, ||, !）

邏輯運算常用來判斷複合條件，運算結果是布林值，不是 1（true），就是 0（false）。邏輯運算子及其真值表如下，其運算順序是由左至右。

運算子	運算	意義
&&	AND	且
||	OR	或
!	NOT	反

<table>
<tr><th>A</th><th>B</th><th>A && B</th><th>A || B</th><th>! A</th></tr>
<tr><td>0</td><td>0</td><td>0</td><td>0</td><td rowspan="2">1</td></tr>
<tr><td>0</td><td>1</td><td>0</td><td>1</td></tr>
<tr><td>1</td><td>0</td><td>0</td><td>1</td><td rowspan="2">0</td></tr>
<tr><td>1</td><td>1</td><td>1</td><td>1</td></tr>
</table>

例如：

運算式	結果
(5 && 5)	1
(0 || 0)	0
(!8)	0

運算式	結果
(6 == 6) && (5 > 6)	(1 && 0) → 0
(6 == 6) || (5 > 6)	(1 || 0) → 1
!(6 != 5)	!(1) → 0

此外，數學不等式也可使用邏輯運算子轉成對應的運算式，例如：將 0 ≤ x <1 轉為 (0 <= x) && (x < 1)。因為關係運算子 <= 和 < 的優先權高於邏輯運算子 && (可參考 p3-23)，所以也可以寫成 0 <= x && x < 1。

0 ≤ x <1 —需轉為→ 0 <= x && x < 1

範例 4.2.2 0 與 1 (d063)

電腦使用 2 進位制，輸入值只有 0 與 1，寫一程式，能輸出 0 或 1 的反值，也就是輸入 0，輸出 1；輸入 1，輸出 0。

輸入：0 或 1

輸出：0 的反值或 1 的反值

解題方法

1. 可以使用 not 運算子（!）對輸入值進行運算。
2. 另外一個方法是使用運算式，若輸入為 a，輸出 1 - a 或 (1 + a) % 2

```
1  #include <iostream>
2  using namespace std;
3  int main()
4  {
5      int a;
6      cout << "輸入 0 或 1 ";
7      cin >> a;
8      cout << a << " 的反值是 " << !a;
9
10     return 0;
11 }
```

輸出 a 的反值，!a 也可以改寫成 (a == 0)

執行結果

```
輸入 0 或 1 1
1 的反值是 0

輸入 0 或 1 0
0 的反值是 1
```

4.3 if 敘述

4.3.1 if 指令

if 的語法與流程圖如下，如果條件式為 true，才執行敘述，否則執行 if 敘述外的下一行敘述。if 屬於單向選擇結構。

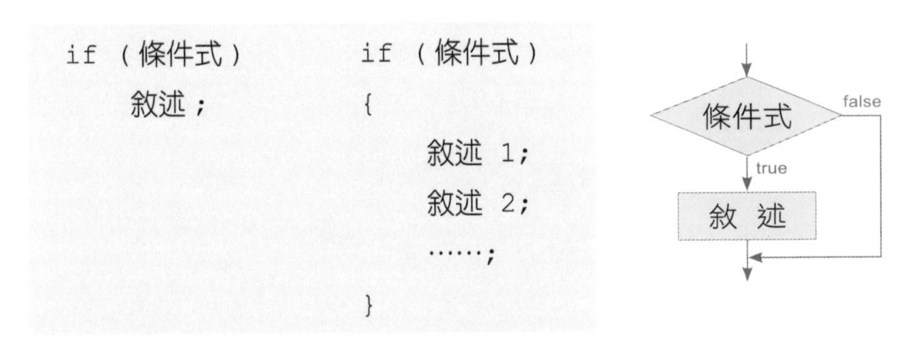

if 內有多個敘述要執行時，應使用 { } 將敘述括起來。如下例，若 a = 0，會輸出 "1 是正數 "，因為 if 內的敘述只有一個，所以程式應該改寫成下方第二個例子，將兩個敘述使用 { } 括起來。

```
if (a == 1)
    cout << "輸入 1" ;     // 屬於 if 內的敘述
    cout << "1 是正數";    // 不屬於 if 內的敘述
```

```
if (a == 1)
{
    cout << "輸入 1" ;
    cout << "1 是正數";
}                          // 屬於 if 內的敘述
```

非 0 的數值，其布林值是 true，所以以下敘述是相同的。

```
if （運算式）
```

```
if （運算式 != 0)
```

範例 4.3.1 成績判斷

輸入成績，如果及格，輸出「恭喜過關！」。

```
1  #include <iostream>
2  using namespace std;
3
4  int main()
5  {
6     int score;
7     cout << " 輸入成績 ";
8     cin >> score;
9
10    if (score >= 60)
11       cout << " 恭喜過關 !" << endl;
12
13    return 0;
14 }
```

若輸入的成績 score 大於等於 60，會輸出 " 恭喜過關 ! "。

執行結果

```
輸入成績 75
恭喜過關 !
```

動動腦

上例中，如果 $50 \le$ 成績 <60，輸出「再努力一下」。以下程式碼的空格內應填入甚麼？

```
if (_______________)
   cout << " 再努力一下 " << endl;
```

範例 4.3.1-2 偶數個數

寫一程式，能從某一範圍的連續整數中，算出偶數的個數，0 也是偶數。

輸入：兩個由空白隔開的整數 a, b (a ≤ b)

輸出：整數 a 與 b 之間 (含 a 與 b) 的偶數個數

解題方法

1. 若 a 是奇數，將 a 加 1，使它變成偶數。
2. 若 b 是奇數，將 b 減 1，使它變成偶數。
3. a 與 b 間的偶數個數為 (b - a) / 2 + 1，因為 a, b 都是偶數，所以個數要加 1。

```
1  #include <iostream>
2  using namespace std;
3  int main()
4  {
5     int a, b;
6     cout << "輸入 a, b 兩整數";
7     cin >> a >> b;
8     if (a % 2)
9        a++;
10    if (b % 2)
11       b--;
12    cout << "兩數間的偶數共 "<< (b - a) / 2 + 1 << " 個" << endl;
13    return 0;
14 }
```

檢查左邊界的整數 a 是否是奇數，若是，a 加 1

檢查右邊界的整數 b 是否是奇數，若是，b 減 1

輸出偶數個數，因為 a, b 都是偶數，所以 +1

執行結果

```
輸入 a, b 兩整數 -3 9
兩數間的偶數共 6 個
```

4.3.2 if - else 敘述

if - else 的語法與流程圖如下，若條件式為 true，執行敘述 1，否則執行敘述 2。if - else 指令屬於雙向選擇結構。

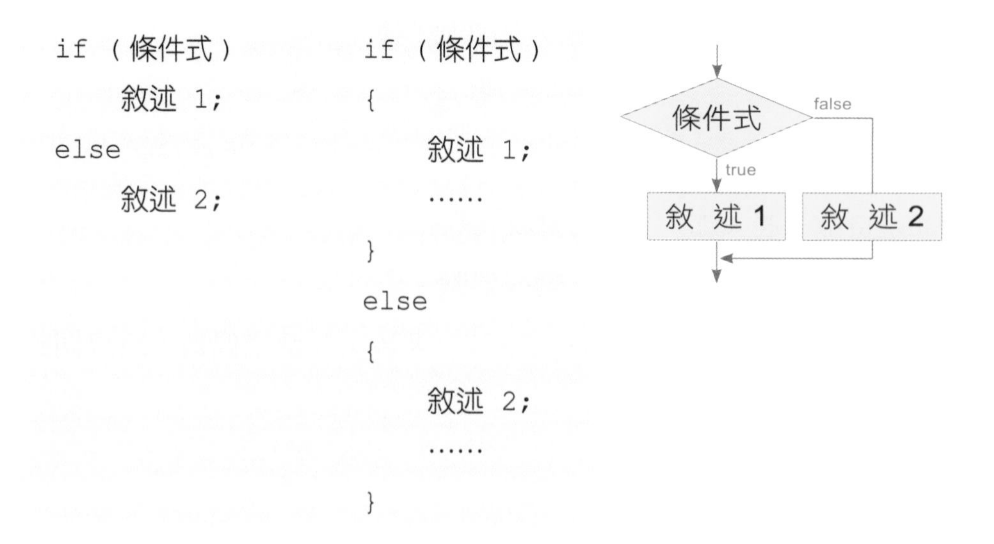

例如：若範例 4.3.1 成績判斷的問題改成

輸入成績，如果及格，輸出「恭喜過關！」，否則輸出「未過關！」。

則第 10 - 11 行程式

```
if (score >= 60)
   cout << "恭喜過關 !" << endl;
```

需改寫成

```
if (score >= 60)
   cout << "恭喜過關 !" << endl;
else
   cout << "未過關 !" << endl;
```

if - else 敘述可使用「條件運算子（?:）」來簡化，格式如下：

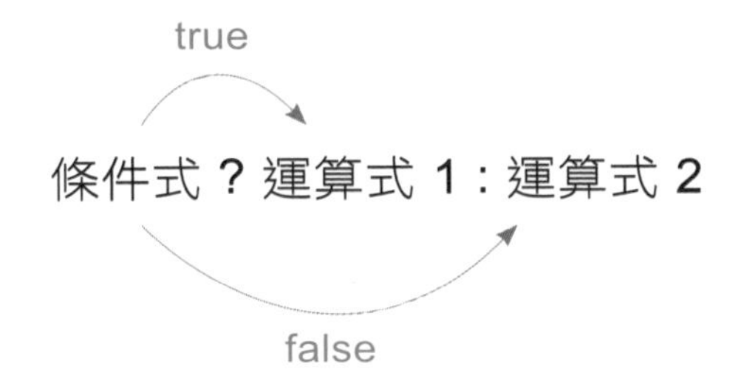

當條件式成立時，執行運算式 1，否則執行運算式 2。例如：

```
a = (7 == 3) ? 4 : 3
b = (7 == 4 + 3) ? 4 : 3
```

條件式 7 == 3 為 false，所以得到 a = 3

條件式 7 == 4 + 3 為 true，所以得到 b = 4

條件運算子可以精簡程式，並能應用在許多例子上，例如：

實例	敘述
求 a 和 b 兩數之最大數 max	max = (a > b) ? a : b;
求 a 的絕對值 ab	ab = (a >= 0) ? a : -a;
判斷 n 是否為奇數 odd	odd = (n % 2) ? 1 : 0;

範例 4.3.2 奇偶數 (d064)

判斷某一整數是奇數（odd）或偶數（even）。

輸入：某一整數

輸出：奇數輸出 odd，偶數則輸出 even

解題方法

若輸入的整數為 n，只要判斷 n 除以 2 的餘數（n % 2），若餘數為 0，輸出 even；否則輸出 odd。

```
1  #include <iostream>
2  using namespace std;
3
```

```
4  int main()
5  {
6     int n;
7     cout << " 輸入一個整數 ";
8     cin >> n;
9
10    if (n % 2)
11       cout << "odd" << endl;
12    else
13       cout << "even" << endl;
14
15    return 0;
16 }
```

可寫成 (n % 2) ?
cout << "odd" : cout << "even";

執行結果

```
輸入一個整數 49
odd

輸入一個整數 58
even
```

程式說明

◆ 第 10 - 13 行

若 n = 49，49 除以 2 的餘數（49 % 2）不是 0，所以執行第 11 行，輸出 "odd"。

若 n = 58，58 除以 2 的餘數（58 % 2）是 0，所以執行第 13 行，輸出 "even"。

範例 4.3.2-2 大寫字母判斷

輸入一個字元，若是大寫英文字母，輸出「這是大寫英文字母」，否則輸出「這不是大寫英文字母」。

```
1  #include <iostream>
2  using namespace std;
3
4  int main()
5  {
6     char letter;
7     cout << "輸入一個英文字母";
8     cin >> letter;
9
10    if (letter >= 'A' && letter <= 'Z')
11       cout << "這是大寫英文字母 " << letter << endl;
12    else
13       cout << "這不是大寫英文字母" << endl;
14
15    return 0;
16 }
```

大寫字母是 'A'~'Z'，所以輸入的字母 letter 是大寫的條件式是，大於等於 'A'，且要小於等於 'Z'

執行結果

```
輸入一個英文字母 f
這不是大寫英文字母

輸入一個英文字母 J
這是大寫英文字母 J
```

範例 4.3.2-3 打折問題

某家百貨公司的促銷方案為購物 2000 元以下打 95 折，2000 元及以上打 9 折。輸入一購物金額，輸出其應付的費用。

解題方法

if (購物金額 < 2000)
  應付金額 = 購物金額 * 0.95;
else
  應付金額 = 購物金額 * 0.9;

```
 1  #include <iostream>
 2  using namespace std;
 3
 4  int main()
 5  {
 6      int money;
 7      cout << " 輸入購物金額 ";
 8      cin >> money;
 9      cout << " 應付金額 ";
10
11      (money >= 2000) ? cout << money * 0.9 : cout << money * 0.95;
12      cout << endl;
13
14      return 0;
15  }
```

和以下敘述相同

```
if (money >= 2000)
  cout << money * 0.9;
else
  cout << money * 0.95;
```

執行結果

輸入購物金額 2500
應付金額 2250

範例 4.3.2-4 三角形面積 (d489)

某地的土地價值是其面積的平方，寫一程式，計算某一塊三角形土地的總價。

輸入：三個整數，代表三角形三邊長

輸出：土地總價

解題方法

1. 若三邊長為 a, b, c，利用三角形兩邊和大於第三邊，先判斷 a, b, c 三數可否構成三角形。也就是 a + b > c 且 b + c > a 且 c + a > b 都要成立。
2. 計算三角形面積可使用海龍公式（Heron's formula）。
   m = 0.5 * (a + b + c)，則面積 = $\sqrt{m\,(m - a)\,(m - b)\,(m - c)}$，所以土地總價 = m * (m - a) * (m - b) * (m - c)
3. 不能用 m = (a + b + c) / 2。例如：三邊和是 9，9 / 2 得 4，而不是 4.5。
4. 解題流程圖

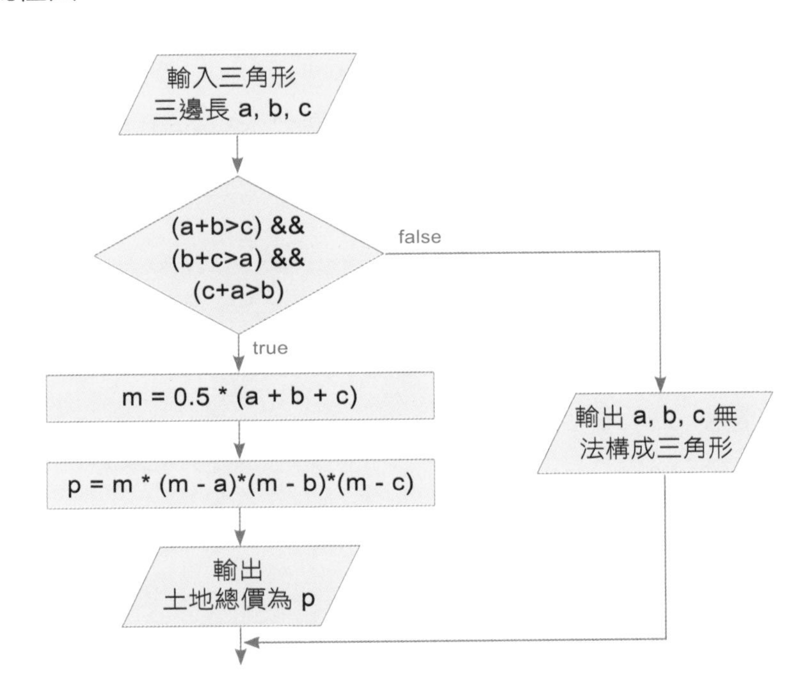

```
1   #include <iostream>
2   using namespace std;
3
4   int main()
5   {
6      int a, b, c;
7      float m, p;
8      cout << "輸入三角形三邊長 ";
9      cin >> a >> b >> c;
10                                                  判斷三角形任兩邊和是否大於第三邊
11     if ((a + b > c) && (b + c > a) && (c + a > b))
12     {
13        m = 0.5 * (a + b + c);
14        p = m * (m - a) * (m - b) * (m - c);  計算三角形面積的平方
15        cout << "土地總價為 " << p << endl;
16     }
17     else
18        cout << a << ", " << b << ", " << c
19               << " 無法構成三角形三邊長 " << endl;
20     return 0;
21  }
```

執行結果

```
輸入三角形三邊長 11 15 19
土地總價為 6792.19

輸入三角形三邊長 1 2 3
1, 2, 3 無法構成三角形三邊長
```

4.3.3 if - else if 敘述

有多種條件式要判斷時，可使用 if - else if，其語法與流程圖如下。若條件式 1 成立，則執行敘述 1，不再往下繼續判斷其他條件式；若條件式 1 不成立，則繼續判斷條件式 2，依此類推，當所有條件式都不成立時，執行 else 內的敘述 n。此結構只會執行其中一個敘述。最後一個 else 後不需有 if 條件式。

```
if (條件式 1)
    敘述 1;
else if (條件式 2)
    // 不滿足條件式 1，但符合條件式 2
    敘述 2;
else if (條件式 3)
    // 不滿足條件式 1 及 2，但符合條件式 3
    敘述 3;
else
    // 不滿足條件式 1, 2 及 3
    敘述 n;
```

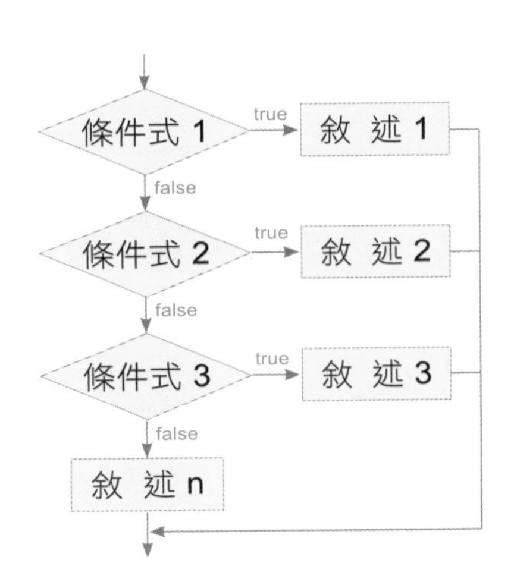

範例 4.3.3 三數最大者 (d065)

輸入三個整數，找出三數中最大者與最小者。

解題方法

1. 若三個整數為 a, b, c，先判斷 a 是不是最大數，若 a > b 且 a > c，則 a 是最大數。
2. 若 a 不是最大數，則判斷 b 是不是最大數，若 b > c，則 b 是最大數。
3. 若 b 也不是最大數，c 就是最大數了。
4. 解題流程圖

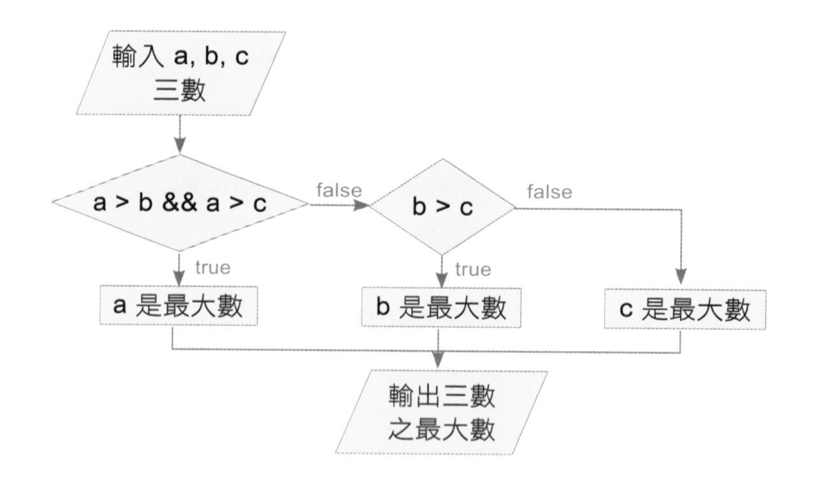


```
1   #include <iostream>
2   using namespace std;
3   int main()
4   {
5      int a, b, c, max, min;
6      cout << " 輸入三個整數 ";
7      cin >> a >> b >> c;
8      if (a > b && a > c)
9         max = a;
10     else if (b > c)
11        max = b;
12     else
13        max = c;
14     if (a < b && a < c)
15        min = a;
16     else if (b < c)
17        min = b;
18     else
19        min = c;
20     cout << a << ", " << b << ", " << c << " 三數之最大數為 "
21           << max << " 最小數為 " << min << endl;;
22     return 0;
23  }
```

若 a > b 且 a > c，則 a 是最大數，否則 a 不是最大數。
否則比較 b 和 c，若 b > c，則 b 是最大數。
否則 a, b 都不是最大數，c 就是最大數。

執行結果

```
輸入三個整數 8 6 2
8, 6, 2 三數之最大數為 8 最小數為 2
```

範例 4.3.3-2 計分程式 (a053)

某次考試老師依答對題數，訂定給分的規則如下：

1. 1~10 題，每題 6 分。
2. 11~20 題，每題 2 分，前 10 題每題還是 6 分。
3. 21~40 題，每題 1 分。
4. 40 題以上，一律 100 分。

寫一程式，能依此規則，協助老師計分。

輸入：答對題數

輸出：得分

解題方法

1. 此題有多個條件式，可使用 if - else - if 結構。
2. 若答對題數為 n，答對 0~10 題的判斷式為 (n >= 0 && n <= 10)，可得 6 * n 分。
3. 答對 11~20 題 (n >= 11 && n <= 20)，前 10 題得 10 * 6 = 60 分，超過的題數 n - 10，可得 (n - 10) * 2，共得 60 + (n – 10) * 2 分。
4. 答對超過 21~40 題，前 20 題得 10 * 6 + 10 * 2 = 80 分，超過的題數 n - 20，可得 (n - 20) 分，共 80 + (n – 20) 分。
5. 解題流程圖

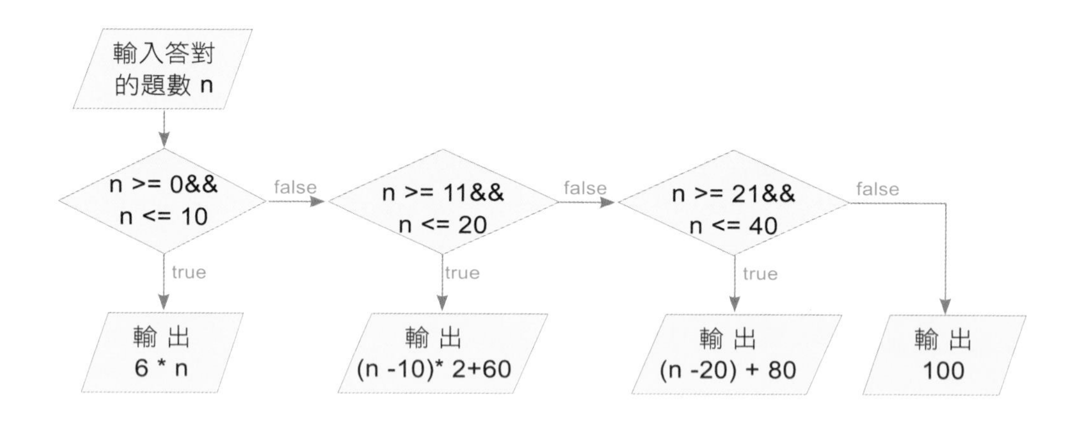


```
1  #include <iostream>
2  using namespace std;
3  int main()
4  {
5     int n;
6     cout << " 輸入答對題數 ";
7     cin >> n;
8     cout << " 得分 ";
9     if (n >= 0 && n <= 10)
10       cout << n * 6;                    答對 0~10 題，得 6 * n 分
11    else if (n >= 11 && n <= 20)
12       cout << (n - 10)*2 + 60;          答對 11~20 題，共得 (n-10)*2+60 分
13    else if (n >= 21 && n <= 40)
14       cout << (n - 20) + 80;            答對 21~40 題，共得 (n-20)+80 分
15    else
16       cout << 100;                      答對超過 40 題，得 100 分
17    return 0;
18 }
```

執行結果

```
輸入答對題數 35
得分 95
```

範例 4.3.3-3 閏年判斷 (a004)

判斷某年是閏年或是平年。閏年的規則是「四年一閏，逢百不閏，四百再閏」，因此判斷的條件是

1. 西元年能被 400 整除，為閏年。
2. 西元年能被 4 整除，但不能被 100 整除，為閏年。
3. 閏年外，其餘皆為平年。

輸入：西元年

輸出：閏年或平年

解題方法

1. 設某年為西元 y 年，y 能被 400 整除，(y % 400) == 0，則 y 年是閏年。
2. y 能被 4 整除，(y % 4) == 0；y 不能被 100 整除，(y % 100) != 0。所以能被 4 整除，不能被 100 整除的條件是 (!(y % 4) && (y % 100))
3. 解題流程圖

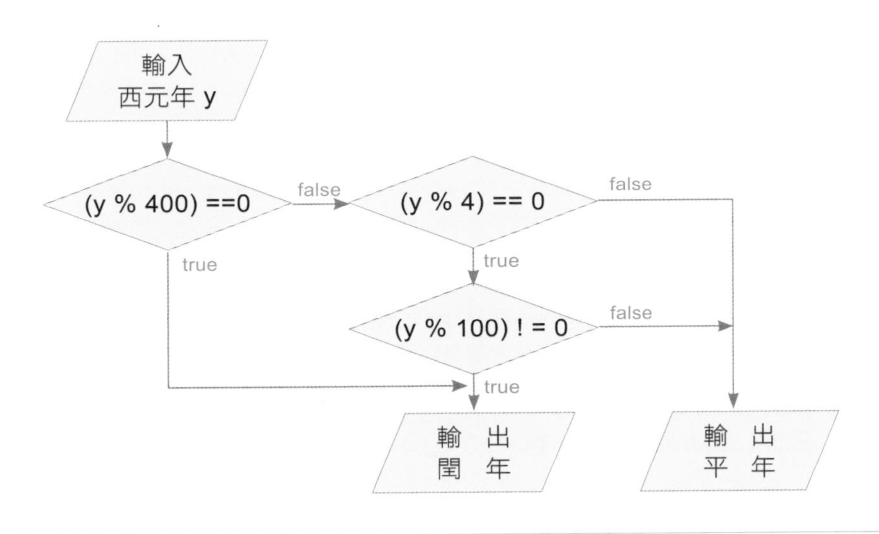


```
1  #include <iostream>
2  using namespace std;
3
```

```
 4  int main()
 5  {
 6      int y;
 7      cout << "輸入西元年 ";
 8      cin >> y;
 9      if (y % 400 == 0)
10          cout << "閏年" << endl;
11      else if ((y % 4 == 0) && (y % 100 != 0))
12          cout << "閏年" << endl;
13      else
14          cout << "平年" << endl;
15      return 0;
16  }
```

西元年 y 能被 400 整除，所以 (y % 400) == 0 時，輸出閏年

西元年 y 能被 4 整除，且不能被 100 整除時，輸出閏年

執行結果

```
輸入西元年 2000
閏年

輸入西元年 1800
平年
```

程式說明

◆ 第 9 - 12 行

只要滿足第一個或第二個其中一個條件就是閏年，所以可以使用複合條件運算子 || (或) 整併這四行程式如下

```
if (!(y % 400) || (!(y % 4) && (y % 100)))
   cout << "閏年";
```

4.3.4 巢狀選擇結構

巢狀選擇結構是 if 內又包含了至少一個 if 敘述。使用巢狀選擇結構時，應注意 if 和 else 的配對。例如：某段公路限制行車時速為每小時 60 - 100 公里，判斷行車快慢的程式碼如下

```
if (vel >= 60)
if (vel <= 100)
   cout << "標準車速！";
else
   cout << "車速太快！";
```

這並不是理想的寫作風格，因為 else 要和那個 if 配對，容易混淆。雖然 else 總是與它上面最近的 if 配對，但最好使用大括號 { } 區隔敘述。所以可將上面程式碼改寫為

```
if (vel >= 60)
{
   if (vel <= 100)
      cout << "標準車速！";
   else
      cout << "車速太快！";
}
else
{
   cout << "車速太慢！";
}
```

4.4 switch – case 敘述

switch 語法與流程圖如下

```
switch （運算式） {
   case 值1 ： 敘述 1;
      break;
   case 值2 ： 敘述 2;
      break;
   ……
   case 值n ： 敘述 n;
      break;
   default ： 敘述；
}
```

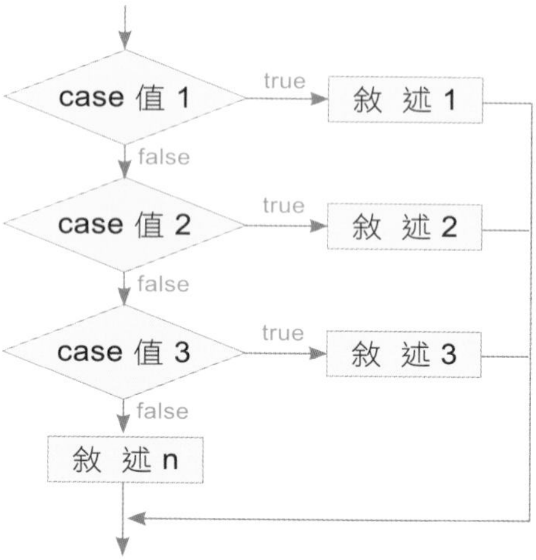

case 值 1
true
敘 述 1
false
case 值 2
true
敘 述 2
false
case 值 3
true
敘 述 3
false
敘 述 n

需要判斷多個條件時，switch 比 if 簡單明瞭，其使用方式如下：

1. 運算式和 case 的值都必須是整數或字元，不能是浮點數，浮點數必須使用 if 敘述。

2. 運算式的值會依序和每個 case 的值比較，如果相等，則執行此 case 後的敘述，直到碰到 break 指令。

3. break 可讓程式跳離 switch 區塊，但 break 可被省略。若省略 break，程式不會跳離 switch，會繼續往下執行其他 case 子句。

4. 若運算式的值與全部 case 的值都不相等，則會執行 default 後的敘述。default 敘述也是可以被省略的。

5. case 子句若包含多個敘述，不必用大括號括起來。

範例 4.4 二元五則運算

寫一程式，能進行加、減、乘、求商、求餘數的運算。

輸入：依序輸入第 1 個整數、運算子（+ - * / % 其中一個）、第 2 個整數

輸出：運算結果

解題方法

解題流程圖

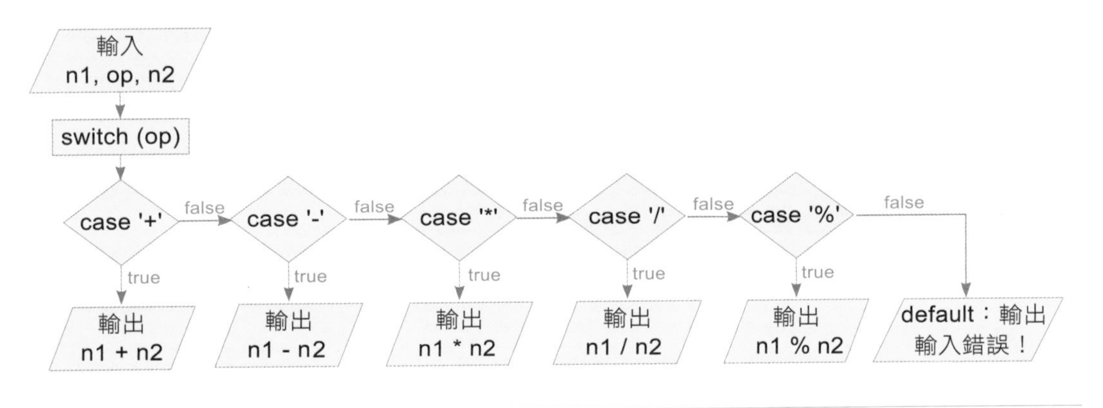


```
1   #include <iostream>
2   using namespace std;
3   int main()
4   {
5       int n1, n2;
6       char op;
7       cout << "依序輸入第 1 個數、運算子、第 2 個數 ";
8       cin >> n1 >> op >> n2;
9       switch (op) ———— 判斷輸入的是那一個運算子，依不同運算子，進行不同的運算
10      {
11          case '+': cout << n1 + n2 << endl;
12              break;
13          case '-': cout << n1 - n2 << endl;
14              break;
```

```
15          case '*': cout << n1 * n2 << endl;
16             break;
17          case '/': cout << n1 / n2 << endl;
18             break;
19          case '%': cout << n1 % n2 << endl;
20             break;
21          default: cout << "輸入錯誤！" << endl;
22       }
23       return 0;
24   }
```

若輸入的運算子不在範圍內，會輸出"輸入錯誤！"

執行結果

```
依序輸入第 1 個數、運算子、第 2 個數 57 % 12
9

依序輸入第 1 個數、運算子、第 2 個數 98 / 16
6
```

比對一個數值範圍，可使用下列方式

```
switch (score) {
   case 90 ... 100 :
      敘述 1; break;
   case 80 ... 89 :
      敘述 2; break;
   .........
}
```

範圍只能用三個點 ... 表示，且數值與 ... 之間一定要有空白，否則編譯器會認為 . 是小數點，編譯時會產生錯誤。

範例 4.4-2 等第判斷

將成績轉換成對應的等第，轉換規則如下：

優：90 分 (含) 至 100 分

甲：80 分 (含) 以上，未滿 90 分

乙：70 分 (含) 以上，未滿 80 分

丙：60 分 (含) 以上，未滿 70 分

丁：未滿 60 分

輸入：某項成績

輸出：對應的等第

解題方法

1. 共五種等第，可以使用 switch 解題（或使用 if – else if）。
2. 等第判斷之值為一數值範圍，所以可以使用比對一個數值範圍的方式。

```
 1  #include <iostream>
 2  using namespace std;
 3  int main()
 4  {
 5      int score;
 6      cout << " 輸入成績 ";
 7      cin >> score;
 8      switch (score)
 9      {
10          case 90 ... 100:
11              cout << " 優 " << endl;
12              break;
13          case 80 ... 89 :
14              cout << " 甲 " << endl;
15              break;
16          case 70 ... 79 :
```

```
17              cout << "乙" << endl;
18              break;
19          case 60 ... 69 :
20              cout << "丙" << endl;
21              break;
22          default :
23              cout << "丁" << endl;
24      }
25      return 0;
26  }
```

執行結果

```
輸入成績 58
丁
```

每一個 case 的值必須不同。多個 case 的值可以連接在一起的，如下例，字元 letter 的值為 'a' 或 'A' 時，都會執行敘述 1。

```
switch (letter) {
   case 'a' :
   case 'A' :
      敘述 1; break;
   …………
}
```

範例 4.4-3 月份轉季節

一年四季的月份是春季 3-5 月，夏季 6-8 月，秋季 9-11 月，冬季 12-2 月。寫一程式，能自動判斷月份對應的季節。

輸入：月份

輸出：對應的季節

解題方法

1. 一年四季，可以使用 switch 解題（或使用 if – else if）。
2. 比較特殊的是冬季 12-2 月，可使用下列方式處理。

```
case 12:
case 1 ... 2:
   cout << " 冬季 "; break;
```

執行 case 12: 時，沒有 break 指令，所以不會跳離 switch，會繼續往下執行下一行敘述 case 1 ... 2 :，這樣就可以把 12 - 2 月放在一起判斷。

```
1  #include <iostream>
2  using namespace std;
3  int main()
4  {
5     int mon;
6     cout << " 輸入月份 ";
7     cin >> mon;
8
9     switch (mon){
10       case 3 ... 5:
11          cout << " 春季 "; break;
```

```
12          case 6 ... 8:
13             cout << "夏季"; break;
14          case 9 ... 11:
15             cout << "秋季"; break;
16          case 12:
17          case 1 ... 2:
18             cout << "冬季"; break;
19          default:
20             cout << "錯誤月份"; break;
21       }
22
23       return 0;
24    }
```

多個 case 的值可以連接在一起的，12, 1, 2 都會輸出 "冬季"

執行結果

```
輸入月份 2
冬季
```

4.5 APCS 實作題 - 選擇結構

範例 4.5.1 籃球賽 (201906 APCS 第 1 題)

APCS 舉辦籃球賽，每場都有主隊與客隊。寫一程式，讀入兩場籃賽的四節分數，自動產生比賽結果。

輸入：共 4 行，每行有 4 個數字。第 1, 2 行分別代表主隊與客隊第一場比賽四節的得分，第 3, 4 行則是第二場比賽四節的得分，所有得分都介於 0 ~ 100。

輸出：共 3 行，第 1, 2 行以「主隊總分 : 客隊總分」的方式，輸出兩場比賽結果。若主隊贏兩場，第 3 行輸出 Win，平手輸出 Tie，客隊贏兩場輸出 Lose。每場一定要分出勝負，不會有同分的形情。

範例一：輸入

```
22 16 23 22
18 16 25 20
20 18 25 20
20 22 24 20
```

範例一：正確輸出

```
83:79
83:86
Tie
```

範例二：輸入

```
10 20 20 10
14 13 14 20
21 20 25 12
20 22 23 16
```

範例二：正確輸出

```
60:61
78:81
Lose
```

解題方法

輸入資料共四行，每行有四節得分，所以可以一次輸入四個整數，加總後，再指定給所代表的變數。解題演算法如下

(1) 讀入第 1 行整數，加總，指定給主隊第 1 場得分 h1。

(2) 讀入第 2 行整數，加總，指定給客隊第 1 場得分 a1。

(3) 讀入第 3 行整數，加總，指定給主隊第 2 場得分 h2。

(4) 讀入第 4 行整數，加總，指定給客隊第 2 場得分 a2。

(5) 若 h1 > a1，主隊勝場 w 加 1。

(6) 若 h2 > a2，主隊勝場 w 加 1。

(7) 輸出兩場比賽的比數，也就是 h1 : a1 和 h2 : a2。

(8) 若 w == 2，表示主隊贏兩場，輸出 Win，否則若 w == 1，表示主客平手，輸出 Tie，否則就是客隊贏兩場，輸出 Lose。所以可使用 if - else if 結構來撰寫。

```
1 #include <iostream>
2 using namespace std;
3
4 int main()
5 {
6     int a, b, c, d;
7     int h1, a1, h2, a2, w = 0;
8
9     cin >> a >> b >> c >> d;
10    h1 = a + b + c + d;
11    cin >> a >> b >> c >> d;
12    a1 = a + b + c + d;
13    cin >> a >> b >> c >> d;
14    h2 = a + b + c + d;
15    cin >> a >> b >> c >> d;
16    a2 = a + b + c + d;
17
18    if (h1 > a1)
19          w++;
20    if (h2 > a2)
21       w++;
22
23    cout << h1 << ":" << a1 << endl;
24    cout << h2 << ":" << a2 << endl;
```

h1, a1 為第 1 場主隊與客隊得分，h2, a2 為第 2 場得分。w 為主隊勝場數，預設為 0

第 1 行 4 個分數加總是主隊第 1 場得分

第 2 行 4 個分數加總是客隊第 1 場得分

第 3 行 4 個分數加總是主隊第 2 場得分

第 4 行 4 個分數加總是客隊第 2 場得分

若第 1 場主隊獲勝，勝場 w 就加 1

輸出第 1, 2 場比分

```
25
26     if (w == 2)
27         cout << "Win";
28     else if (w == 1)
29         cout << "Tie";
30     else
31         cout << "Lose";
32
33     return 0;
34 }
```

執行結果

```
27 27 22 27
22 17 27 24
16 23 35 20
27 24 24 29
103:90
94:104
Tie
```

```
17 20 32 24
19 23 16 22
24 25 24 25
22 24 11 18
93:80
98:75
Win
```

範例 4.5.2 邏輯運算子 (201710 APCS 第 1 題)

a, b 兩數之 AND, OR, XOR 運算結果如下：

a AND b

	b 為 0	b 不為 0
a 為 0	0	0
a 不為 0	0	1

a OR b

	b 為 0	b 不為 0
a 為 0	0	1
a 不為 0	1	1

a XOR b

	b 為 0	b 不為 0
a 為 0	0	1
a 不為 0	1	0

例如：(1) 0 AND 0 結果為 0，0 OR 0 及 0 XOR 0 結果也為 0。

(2) 0 AND 3 結果為 0，0 OR 3 及 0 XOR 3 結果則為 1。

(3) 4 AND 9 結果為 1，4 OR 9 結果為 1，4 XOR 9 結果為 0。

寫一個程式，輸入 a, b 及運算結果，輸出可能的 AND, OR, XOR 運算子。

輸入：三個以空白隔開的非負整數，前兩數為 a, b 之值，第三數為運算結果，只會是 0 或 1。

輸出：輸出可能得到指定結果的運算，若有多個，輸出順序為 AND, OR, XOR，每個可能的運算單獨一行，若不可能得到指定結果，輸出 IMPOSSIBLE。

範例一：輸入
```
0 0 0
```
範例一：正確輸出
```
AND
OR
XOR
```

範例二：輸入
```
1 1 1
```
範例二：正確輸出
```
AND
OR
```

範例三：輸入
```
0 0 1
```
範例三：正確輸出
```
IMPOSSIBLE
```

解題方法

1. AND 的位元運算子是 &，OR 是 |，XOR 是 ^ (p3-16)。要進行運算，a, b 要先轉換成 0 與 1 的布林值。解題演算法如下

   (1) 輸入三數 a, b, r，r 為運算結果 (result)。

   (2) 將 a, b 要先轉換成 0 與 1。

   (3) 依序比較 a & b, a | b, a ^ b 的運算結果與 r 是否相等，若相等，輸出對應的運算子。

   (4) 宣告一個變數 found 作為旗幟，預設為 0，表示未找到符合的運算。步驟 (3) 若找符合的運算，就改變旗幟的值為 1。

   (5) 最後再檢查此旗幟是否為 0，若是，表示未找到符合的運算，所以不可能得到指定的結果。

2. 步驟 (4) 中，旗幟的英文是 flag，flag 是程式設計很好用的方法，常用來做為顯示變化的變數，如上例的 fond 變數。

```
1  #include <iostream>
2  using namespace std;
3
4  int main()
5  {
6      int a, b, r;
7      int found = 0;          // 宣告旗幟 found，預設為 0。若找到符合的運算，其值改為 1
8      cin >> a >> b >> r;
9
10     if (a > 0)              // 將 a, b 轉換成 0 或 1
11         a = 1;
12     if (b > 0)
13         b = 1;
14
15    if ((a & b) == r){       // 因為 & 比 == 優先運算，所以 a & b 需加上 ()
16         cout << "AND" <<endl;
17         found = 1;          // 找到符合的運算，將旗幟 found 設為 1
18     }
19     if ((a | b) == r){      // 因為 | 比 == 優先運算，所以 a | b 需加上 ()
20         cout << "OR" << endl;
21         found = 1;
22     }
23     if ((a ^ b) == r){      // 因為 ^ 比 == 優先運算，所以 a ^ b 需加上 ()
24         cout << "XOR" << endl;
25         found = 1;
26     }
27     if (found == 0)         // 旗幟 found 值為 0，表示找不到符合的運算
```

```
28          cout << "IMPOSSIBLE" <<endl;
29
30      return 0;
31  }
```

執行結果

```
0 0 0          1 1 1          3 0 1          0 0 1
AND            AND            OR             IMPOSSIBLE
OR             OR             XOR
XOR
```

範例 4.5.3 三角形辨別 (201610 APCS 第 1 題)

若 a, b, c 為三線段長，c 為最大值，若 $a + b \leq c$ ，三線段無法構成三角形。否則

1. 若 $a \times a + b \times b < c \times c$，三線段構成鈍角三角形 (Obtuse triangle)。
2. 若 $a \times a + b \times b = c \times c$，三線段構成直角三角形 (Right triangle)。
3. 若 $a \times a + b \times b > c \times c$，三線段構成銳角三角形 (Acute triangle)。

寫一程式，讀入三線段長，判斷此三線段可否構成三角形，若可，輸出其所屬三角形類型。

輸入：三個以空格隔開的正整數，三數皆小於 30,001。

輸出：共兩行，第一行由小而大印出此三正整數，兩數間以一個空白間格；第二行輸出三角形的類型，若無法構成三角形時輸出 No；若構成鈍角三角形時輸出 Obtuse；直角三角形時輸出 Right；銳角三角形時輸出 Acute。

範例一：輸入	範例二：輸入	範例三：輸入
3 4 5	101 100 99	10 100 10
範例一：正確輸出	**範例二：正確輸出**	**範例三：正確輸出**
3 4 5 Right	99 100 101 Acute	10 10 100 No

解題方法

1. 分析問題，解題演算法可設計如下

(1) 輸入 a, b, c 三個整數。

(2) 將 a, b, c 三數由小而大排序。

(3) 輸出排序後的三數。

(4) 判斷三數是否構成三角形的三邊長。若是，再判斷屬於那一種三角形，否則輸出 No。

2. 步驟 (2) 要將三數排序，可反複比較相鄰兩數，若前數 > 後數，交換兩數。

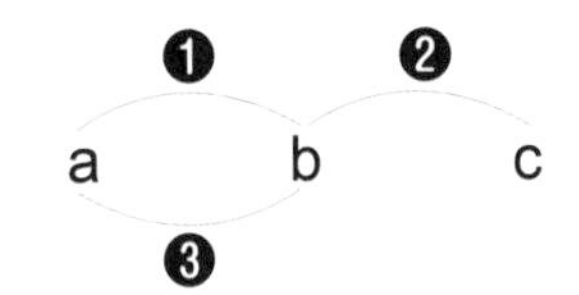

3. 步驟 (4) 可使用巢狀選擇結構來解題。演算法如下：

```
if (a + b > c) {
    判斷屬於何種三角形；
}
else
    cout << "No";
```

```
1  #include <iostream>
2  using namespace std;
3
4  int main()
5  {
6     int a, b, c;
7     cin >> a >> b >> c;
8
```

```
 9      if (a > b)
10         swap(a, b);
11      if (b > c)
12         swap(b, c);
13      if (a > b)
14          swap(a, b);
15      cout << a << " " << b << " " << c << endl;
16
17      if (a + b > c){
18         if (a * a + b * b > c * c)
19            cout << "Acute";
20         else if  (a * a + b * b == c * c)
21            cout << "Right";
22          else
23            cout <<   "Obtuse";
24      }
25      else
26         cout << "No";
27      return 0;
28   }
```

反複比較相鄰兩數，若前數 > 後數，交換 (swap) 兩數

判斷兩邊和 a + b 是否大於第三邊 c

兩股平方和大於斜邊的平方

兩股平方和等於斜邊的平方

執行結果

```
4 6 3          30 10 20      12 5 13
3 4 6          10 20 30      5 12 13
Obtuse         No            Right
```

學習挑戰

一、選擇題

1. (　　) 下列何者不是結構化程式設計的指令？

   (A) goto　(B) if　(C) while　(D) for

2. (　　) 若 a = 3, b = 3, c = 6，下列那一個不是正確的關係運算式？

   (A) a * b >= c　(B) a = b　(C) b + 4 < a * c　(D) a <= b

3. (　　) 若 ! (x1 || x2) 為 true，則 x1 與 x2 的值應為何？

   (A) x1 為 false，x2 為 false　(B) x1 為 true，x2 為 true

   (C) x1 為 true，x2 為 false　(D) x1 為 false，x2 為 true

4. (　　) 執行下列敘述，那一個 g 值會輸出 good! ？

   ```
   if (g >= 90) cout << "good ! ";
   ```

   (A) 90　(B) 80　(C) 70　(D) 60

5. (　　) 若 a = 5, b = 5, c = 6，運算式 (a == b) && (b <= c) 的結果為

   (A) 5　(B) 6　(C) 1　(D) 0

6. (　　) 若 a = 5, b = 4，執行下列敘述後，d 值為何？

   ```
   a > b ? d = a : d = b;
   ```

   (A) 5　(B) 4　(C) 1　(D) 0

7. (　　) 若 x = 5, y = 4, z = 3，執行下列敘述後，z 值為何？

   ```
   if (x >= y)
       z = x - y;
   else
       z = y - x;
   ```

   (A) 5　(B) -1　(C) 1　(D) 3

8. (　　) 要判斷 a 是否為奇數，下列敘述空格內應填入何者？

   ________? cout << "奇數" : cout << "偶數";

   (A) a / 2　　(B) a % 2　　(C) a++　　(D) a \ 2

9. (　　) 有關下列敘述執行的結果，何者正確？

```
if (t >= 'A' && t <= 'Z')
    cout << "1 " << endl;
else
    cout << "2 " << endl;
```

   (A) t = 'a' 時，輸出 1　　(B) t = '0' 時，輸出 1

   (C) t = 'X' 時，輸出 2　　(D) t = 'Z' 時，輸出 1

10. (　　) 下列敘述執行的結果為何？

```
if (60 <= 12 * 5)
    cout << "A";
cout << "B";
```

   (A) AB　　(B) BA　　(C) A　　(D) B

11. (　　) 下列敘述執行的結果為何？

```
if (8 < 5)
    cout << " * ";
else if (1 == 8)
    cout << "& ";
else
    cout << "$ ";
```

   (A) *　　(B) &　　(C) $　　(D) &$

二、應用題

1. 若 i = 1, j = 2, k = 3, m = 4，請寫出下列敘述輸出的結果。

   (1) cout << (j == 2);

   (2) cout << (i >= 1 && j < 4);

   (3) cout << (j >= i || k == m);

   (4) cout << (! (k – m));

   (5) cout << (k + m < j || 3 - j >= k);

2. 若 x,y,z 為布林變數，x = y = true, z = false。下列各運算式的值為何？

   (1) !(y || z) || x

   (2) !y || (z || !x)

   (3) z || (x && (y || z))

   (4) (x || x) && z

3. 請寫出下列程式在各種 n 值時，輸出的結果。

```
switch (n / 4) {
    case 1:
    case 2: n = 2 * n; break;
    case 3: n += 5;
    default: n++;
}
cout << n << endl;
```

   (1) n = 1　　(2) n = 4　　(3) n = 6　　(4) n = 8　　(5) n = 13

4. 請將下列程式使用 if - else 改寫。

```
switch (x) {
   case 10: y = 'a'; break;
   case 20:
   case 30: y = 'b'; break;
   default: y = 'c';
}
```

5. 學校到校時間是 7:50，16:30 才能離校，寫一程式可以輸入時間，判斷現在是不是在校時間。輸入資料為兩個正整數，分別代表小時與分鐘，例如：16:50 輸入 16 50。

6. 計程車的計費方式如下。設計一程式，輸入公里數後，能計算應付的金額。
   (1) 基本費為 65 元
   (2) 超過 1000 公尺，每 500 公尺加收 5 元，不足 500 公尺以 500 公尺計算。

7. 某家百貨周年慶時，購物金額的折扣如下，寫一程式，輸入購物金額後，能輸出應付金額。
   (1) 10,000（含）以上，打 9.5 折　(2) 50,000（含）以上，打 9 折
   (3) 100,000（含）以上，打 8.5 折　(4) 150,000（含）以上，打 8 折

8. 寫一程式，輸入一字元後，能判斷輸入的字元是小寫字母、大寫字母、或數字。如果都不是，輸出 " 特殊字元 "。

9. 寫一程式，輸入購物金額後，能輸出用 1000 元紙鈔購物時，最多可找回的 500 元、100 元紙鈔張數，及 50、10、5、1 元硬幣的個數。

   例如：輸入購物金額：266，輸出：
   500 元 1 張
   100 元 2 張
   50 元 0 個
   10 元 3 個
   5 元 0 個
   1 元 4 個

10. 身體質量指數 BMI = 體重 (kg) / 身高 ^{2} (m)，BMI 值的評判標準如下表。寫一程式，能輸入身高 (cm) 和體重 (kg) 後，輸出 BMI 的評判標準。

BMI 範圍	評判標準
18.5 ≦ BMI ＜ 24	正常範圍
24 ≦ BMI ＜ 27	過重
27 ≦ BMI ＜ 30	輕度肥胖
30 ≦ BMI ＜ 35	中度肥胖
BMI ≧ 35	重度肥胖

CHAPTER 05

重複結構

本章學習重點

- for 計數迴圈
- while 迴圈
- 改變迴圈的執行
- APCS 實作題 – 重複結構

本章學習範例

- 範例 5.1.1　連續和
- 範例 5.1.1-2　偶數和 (d490)
- 範例 5.1.1-3　複利計算
- 範例 5.1.2　九九乘法表
- 範例 5.1.2-2　列印星號三角形
- 範例 5.1.2-3　畢氏三元數
- 範例 5.2.1　數字倒轉 (a038)
- 範例 5.2.1-2　找出所有因數
- 範例 5.2.1-3　最大公因數 (a024)
- 範例 5.2.2　後測重複結構
- 範例 5.2.2-2　標記控制迴圈
- 範例 5.2.2-3　等比數列的和
- 範例 5.3.1　非倍數之整數和
- 範例 5.3.2　猜數字遊戲
- 範例 5.3.2-2　質數判斷 (a007)
- 範例 5.4　人力分配 (201710 APCS 第 1 題)

5.1 for 計數迴圈

5.1.1 指令格式

重複結構是重複執行某些敘述，直到滿足特定條件為止，也稱為迴圈（loop）。重複結構有 for、while 兩種。for 常用於有固定次數的迴圈，while 則常用於不固定次數的迴圈。

for 是使用變數作為計數器，用來控制迴圈內敘述執行的次數，所以又被稱為計數迴圈（counting loop），其語法與流程圖如下。for 結構包含控制變數的「初始值設定」、「條件式判斷」、「更新值」，三者以分號 ; 隔開，敘述則是符合條件判斷時，會被執行的程式碼。

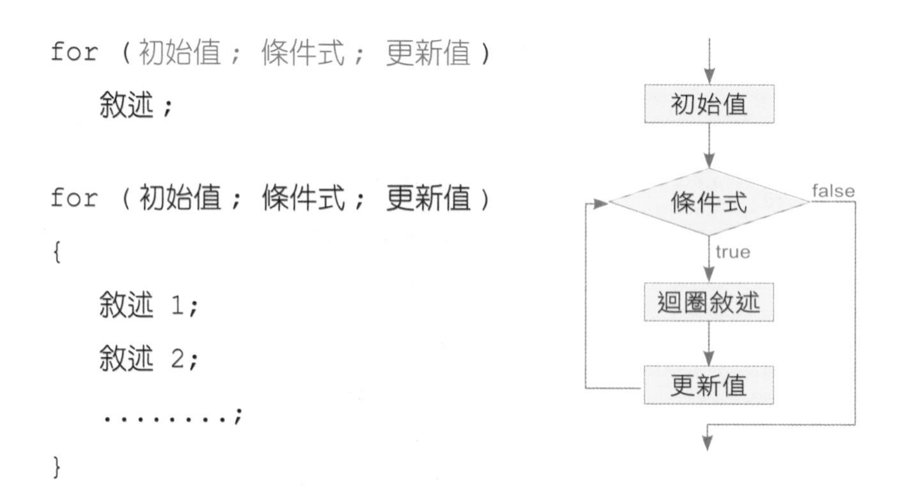

例如：要計算 1 + 2 + 3 +......+ 98 + 99 + 100，可使用 for 迴圈，其程式碼如下圖。for 迴圈的結構說明如下：

1. 初始值

執行 for 時，會先設定控制變數的初始值，如 i = 1。在整個迴圈過程中，初始值的設定只執行一次，之後會將控制權交給「條件式」判斷。

2. 條件式

提供迴圈是否終止的條件判斷。若條件式為 true，則執行迴圈內的敘述；

否則跳出迴圈，繼續執行迴圈外的下一個敘述。如下例中，若 i <=100，則執行敘述 sum += i;，否則（i > 100）結束迴圈，跳到迴圈外的下一個敘述，繼續執行。

3. 敘述

當條件式為 true 時，迴圈內會被反複執行的敘述，如敘述 sum += i;。

4. 更新值

增加或減少迴圈控制變數的值，如 i++，每次執行迴圈時，i 都會加 1。

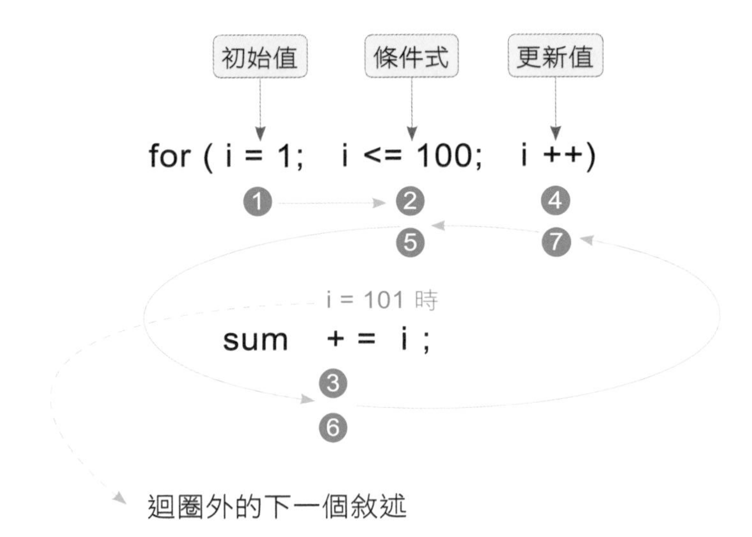

此迴圈的控制變數是 i，若 sum 的初始值為 0，迴圈的執行步驟如下

❶ i 設定為 1

❷ 因為 i <= 100，滿足條件式，所以執行迴圈內的敘述。

❸ 迴圈內的敘述為 sum += i，得到 sum = 1。

❹ 執行 i++，i = 2。

❺ i<=100，所以再執行 ❻ sum+=i，得到 sum=1+2=3，執行 ❼ i++。

直到 i 遞增到 101 時，i <= 100 為 false，所以跳離迴圈，執行迴圈外的下一個敘述。

因此 1 到 n 累加的敘述可設計如下

```
sum = 0;
for (i = 1; i <= n; i++)
    sum += i;
```

範例 5.1.1 連續和

寫一程式，可輸入一個正整數 n，輸出 1 加到 n 的值。

```
 1  #include <iostream>
 2  using namespace std;
 3  int main()
 4  {
 5     int n, i, sum = 0;
 6     cout << "輸入 n ( > 1) = ";
 7     cin >> n;
 8     for (i = 1; i <= n; i++)
 9        sum += i;
10     cout << "1 + ... + " << n << " = " << sum << endl;
11
12     return 0;
13  }
```

執行結果

```
輸入 n ( > 1) = 100
1 + ... + 100 = 5050
```

程式說明

- 第 8 - 9 行

  將 i, sum 的值由左至右一一列出。

i		1	2	3	....	99	100	101
sum	0	0+1=1	1+2=3	3+3=6		=4950	4950+100=5050	結束迴圈

所以輸出 5050

以範例 5.1.1 為例，for 迴圈還有下列幾種不同的寫法：

1. 將變數 i 的宣告和初始化放到「初始值」中。

```
for (int i = 1; i <= 100; i++ )
    sum += i;
```

注意，在初始值內宣告變數時，此變數只在迴圈內有效，例如：i 離開迴圈便不能使用，如果要使用，必需再宣告一次。

2. 將變數初始化放到「初始值」中。

```
for (sum = 0, i = 1; i <= 100; i++ )
    sum += i;
```

3. 使用遞減的方法，計算 100 + 99 +......+ 2 + 1。

```
int i, sum = 0;
for (i = 100; i > 0; i-- )
    sum += i;
```

4. 更新值不限於 +1 或 -1，例如：計算 5 + 10 + 15 +......+ 95 + 100 的程式碼如下

```
for ( i = 5; i <= 100; i = i + 5 )
for ( i = 100; i >= 5; i = i - 5 )
```

5. 初始值、條件式、更新值都可以是算術運算式，例如：

```
for (j = y; j <= 2 * x; j += y)
```

範例 5.1.1-2 偶數和 (d490)

找出兩整數間（含兩數）所有偶數的和。

輸入：兩整數

輸出：兩整數間（含兩數）所有偶數的和

解題方法

1. 若兩整數為 a, b（a < b），可使用 for 迴圈一一拜訪這些整數，如果是偶數才加總，解題的虛擬碼如下

```
for (i = a; i <= b; i++)
    如果 i 是偶數才加總；
```

2. 偶數的條件式是 i % 2 == 0，所以步驟 1 的第 2 行虛擬碼可寫成

```
if (i % 2 == 0)
    sum += i;
```

或

```
if (!(i % 2))
    sum += i;
```

3. 解題流程圖

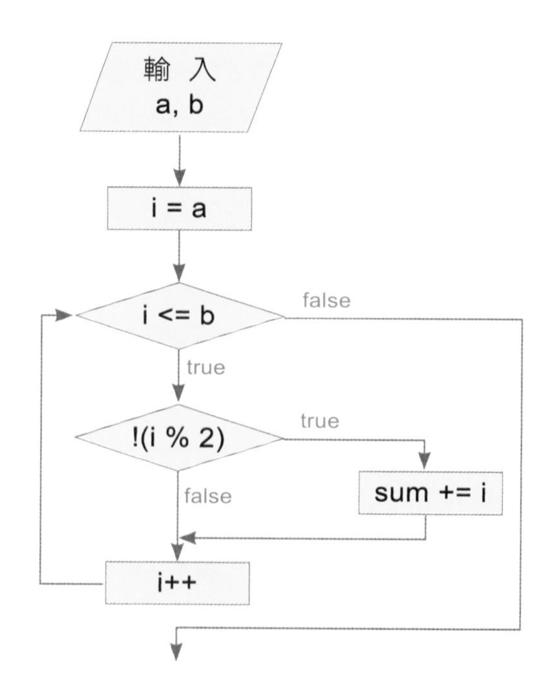

```
1  #include <iostream>
2  using namespace std;
3  int main()
4  {
5      int a, b, sum = 0;
6      cout << "輸入兩整數 ";
7      cin >> a >> b;
8      for (int i = a ; i <= b ; i++)    // 使用變數 i，從整數 a 開始，拜訪到整數 b 的每個整數
9          if (!(i % 2))                 // 只有偶數 i % 2 == 0 才相加
10             sum += i;
11     cout << "兩整數間的偶數和為 " << sum;
12     return 0;
13 }
```

執行結果

```
輸入兩整數 7 12
兩整數間的偶數和為 30
```

程式說明

◆ 第 8 - 10 行

將 i, sum 的值由左至右一一列出。

i		7	8	9	10	11	12
sum	0	0	0 + 8 = 8	8	8 + 10 = 18	18	18 + 12 = 30

所以輸出 30

動動腦

如果只用 if 敘述，此範例的程式碼可如何改寫？

範例 5.1.1-3 複利計算

複利是指存款或貸款到期時，將利息納入下一期的本金中。例如：本金 1000 元，年利率 1.5%，第一年結束本金加利息（本利和）共 1000 * (1 + 0.015) = 1015 元，第二年變成 1015 * (1 + 0.015) 元，依此類推。寫一程式，能以複利計算期滿後的本利和。

輸入：本金、年利率、年數

輸出：本利和

解題方法

1. 若本金 p、年利率 r、年數 y，則本利和為 $p * (1 + r)^y$
2. 前一年 p 的本利和要做為下一年的本金，所以下一年的本利和 p = p * (1 + r)
3. 共 y 年，所以可以使用 for 迴圈計算每年的本利和

```
1   #include <iostream>
2   using namespace std;
3
4   int main()
5   {
6       int y, i;
7       float p, r;
8
9       cout << " 輸入本金 ";
10      cin >> p;
11      cout << " 輸入年利率 % ";
12      cin >> r;
13      cout << " 輸入年數 ";
```

本金 p 和年利率 r 都宣告為 float

```
14     cin >> y;
15
16     for (i = 0; i < y; i++)
17        p = p * (1 + r / 100);
18     cout << y << " 年後金額為 " << p;
19
20     return 0;
21  }
```

計算每年本利和

執行結果

```
輸入本金 10000
輸入年利率 % 1.5
輸入年數 10
10 年後金額為 11605.4
```

5.1.2 for 多重迴圈

for 多重迴圈就是 for 迴圈內還有一個或一個以上的 for 迴圈，最常見的例子就是九九乘法表。

範例 5.1.2 九九乘法表

使用 for 迴圈顯示九九乘法表

```
1  #include <iostream>
2  using namespace std;
3
4  int main()
5  {
6     int col, row;
```

```
 7
 8     for (col = 2; col <= 9; col++)
 9     {
10        for (row = 2; row <= 9; row++)
11           cout << col << "X" << row << "="
12                << col * row << "\t";
13        cout << endl;
14     }
15
16     return 0;
17  }
```

內層迴圈（第 10–12 行）；外層迴圈（第 8–14 行）

執行結果

```
2X2=4   2X3=6   2X4=8   2X5=10  2X6=12  2X7=14  2X8=16  2X9=18
3X2=6   3X3=9   3X4=12  3X5=15  3X6=18  3X7=21  3X8=24  3X9=27
4X2=8   4X3=12  4X4=16  4X5=20  4X6=24  4X7=28  4X8=32  4X9=36
5X2=10  5X3=15  5X4=20  5X5=25  5X6=30  5X7=35  5X8=40  5X9=45
6X2=12  6X3=18  6X4=24  6X5=30  6X6=36  6X7=42  6X8=48  6X9=54
7X2=14  7X3=21  7X4=28  7X5=35  7X6=42  7X7=49  7X8=56  7X9=63
8X2=16  8X3=24  8X4=32  8X5=40  8X6=48  8X7=56  8X8=64  8X9=72
9X2=18  9X3=27  9X4=36  9X5=45  9X6=54  9X7=63  9X8=72  9X9=81
```

程式說明

◆ 第 8 – 14 行

外層迴圈（8 - 14 行）內還有一個內層迴圈（10 - 12 行）。外層迴圈的控制變數 col 會從 2 執行到 9，外層迴圈 col 每執行一次，內層迴圈的控制變數 row 會從 2 到 9 執行 8 次。所以 for 多重迴圈是一個 row 接著一個 row 執行，共執行 col 次。其執行順序如下：

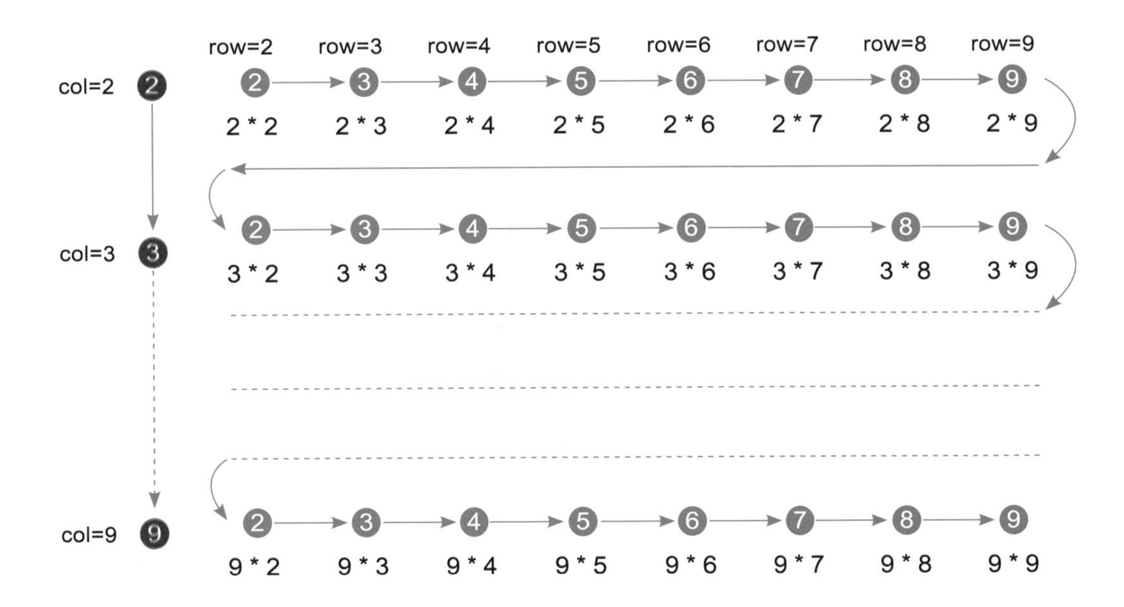

範例 5.1.2-2 列印星號三角形

使用雙重 for 迴圈印出下列幾種星號三角形。

```
*          *****      *****        *
**         ****        ****       ***
***        ***          ***      *****
****       **            **     *******
*****      *              *    *********
```

```
1   #include <iostream>
2   using namespace std;
3
4   int main()
5   {
6       int i, j, k;
7
8       for (i = 0; i < 5; i++) {
9           for (j = 0; j <= i; j++) cout << "*";
10          cout << endl;
11      }
12      cout << endl;
```

第一個三角形（第 8～12 行）

```
13
14      for (i = 0; i < 5; i++) {                          ─┐
15         for (j = 0; j < 5 - i; j++) cout << "*";          ├ 第二個三角形
16         cout << endl;                                      │
17      }                                                    ─┘
18      cout << endl;
19
20      for (i = 0; i < 5; i++) {                          ─┐
21         for (j = 0; j < 5; j++)                            │
22            (i <= j) ? cout << "*" : cout << " ";           ├ 第三個三角形
23         cout << endl;                                      │
24      }                                                    ─┘
25      cout << endl;
26
27      for (i = 0; i < 5; i++) {                             印出空白三角形
28         for (j = 0; j < 4 - i; j++) cout << " ";
29         for (k = 0; k < 2 * i + 1; k++) cout << "*";
30         cout << endl;                                      印出 * 三角形
31      }
32
33      return 0;
34   }
```

程式說明

◆ 第 8、14、20、27 行

因為每個三角形都有 5 列（rows），所以外層迴圈控制變數 i 設為 0~4。為了決定每列何時停止列印 * 號，因此需要根據不同的 * 號三角形，推導出其條件式。

- 第 8 - 11 行

*　　　　i = 0 時，印出 1 個 *，j = 0

**　　　　i = 1 時，印出 2 個 *，j = 0~1

***　　　　i = 2 時，印出 3 個 *，j = 0~2

****　　　　i = 3 時，印出 4 個 *，j = 0~3

*****　　　　i = 4 時，印出 5 個 *，j = 0~4

因此可推得條件式為 j <= i 或 j < i + 1

- 第 14 - 17 行

*****　　　　i = 0 時，印出 5 個 *，j = 0~4

****　　　　i = 1 時，印出 4 個 *，j = 0~3

***　　　　i = 2 時，印出 3 個 *，j = 0~2

**　　　　i = 3 時，印出 2 個 *，j = 0~1

*　　　　i = 4 時，印出 1 個 *，j = 0

因此可推得條件式為 j < 5 - i

- 第 20 - 24 行

如下圖，將迴圈控制變數 i, j 使用表格的方式呈現，對角線上每一位置的條件是 i = j，左半部是 i > j，右半部則是 i < j。所以可使用條件式 i <= j 讓對角線及右上方印出 *，其他位置則印出空白。

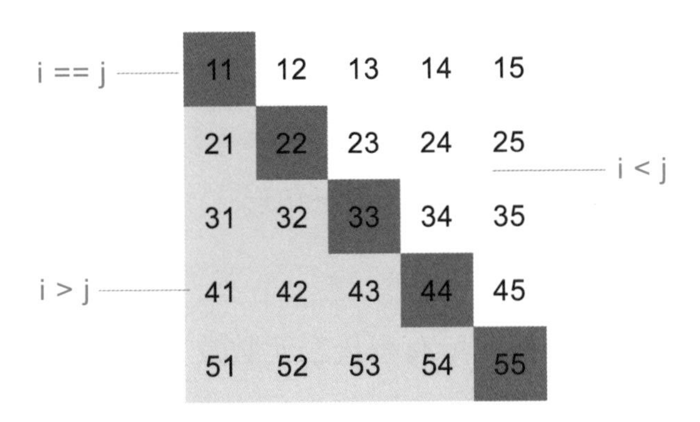

◆ 第 27 - 31 行

如下圖，可先印出圖形的空白三角形，再印出 * 號三角形。

```
○ ○ ○ ○ *
○ ○ ○ * * *
○ ○ * * * * *
○ * * * * * * *
* * * * * * * * *
```
空白三角形　　* 號三角形

觀察空白三角形。外層迴圈變數 i = 0 時，印出 4 個空白；i = 1 印出 3 個空白；i = 2 印出 2 個空白；依此類推。所以內層迴圈的條件式可設為 j < 4 - i。敘述可寫成

```
for (j = 0; j < 4 - i; j++)
    cout << " ";
```

觀察 * 號三角形。外層迴圈變數 i = 0 時，印出 1 個 *；i = 1 印出 3 個 *；i = 2 印出 5 個 *；依此類推。所以內層迴圈的條件式可設為 k < 2 * i + 1。敘述可寫成

```
for (k = 0; k < 2 * i + 1; k++)
  cout << "*";
```

範例 5.1.2-3 畢氏三元數

畢氏三元數是指三個符合畢氏定理（$a^2 + b^2 = c^2$）的整數，例如：3, 4, 5 和 5, 12, 13。畢氏三元數能形成一個直角三角形。

輸入：某一正整數

輸出：小於等於某一正整數的所有畢氏三元數及其組數

解題方法

1. 若某一整數為 n，a, b, c 三數都介於 1~n，要找出所有畢氏三元數，需一一檢查 a, b, c 三數的各種組合 (1, 1, 1), (1, 1, 2)......(1, 1, n), (1, 2, 1) ......(1, 2, n)......(n, n, n)，是否符合畢氏三元數。

2. 由步驟 1 可以發現，本題可使用三重 for 迴圈解題。

```
1   #include <iostream>
2   using namespace std;
3   int main()
4   {
5      int n, a, b, c, total = 0;
6      cout << "輸入一正整數 ";
7      cin >> n;
8      for (a = 1; a <= n; a++)
9         for (b = 1; b <= n; b++)
10           for (c = 1; c <= n; c++)
11              if (a * a + b * b == c * c)
12                 if (a < b && b < c) {
13                    cout << a << ", " << b << ", " << c << endl;
14                    total++;
15                 }
16     cout << "小於等於 " << n << " 的畢氏三元數共有以上 "
17          << total << " 組" << endl;
18
19     return 0;
20  }
```

n 是輸入的整數值，a, b, c 是迴圈索引，total 是畢氏三元數的組數

三重迴圈

a, b, c 三邊要滿足畢氏定理

三邊由小而大排列

執行結果

```
輸入一整數值 20
3, 4, 5
5, 12, 13
6, 8, 10
8, 15, 17
9, 12, 15
12, 16, 20
小於等於 20 的畢氏三元數共有以上 6 組
```

程式說明

- 第 11 行 if (a * a + b * b == c * c)
  表示 a, b, c 三邊要滿足畢氏定理（$a^2 + b^2 = c^2$），條件式才會成立。

- 第 12 行 if (a < b && b < c && a < c)
  讓 a, b, c 三邊由小而大排列，可避免出現重複的數列，例如：出現 3, 4, 5、5, 4, 3、4, 3, 5。

5.2 while 迴圈

5.2.1 前測式重複結構 while

已知迴圈數的問題可使用 for，無法預知迴圈數的問題則可使用 while。while 屬於前測式重複結構，在執行迴圈前，會先檢查條件式是否成立，所以又被稱為條件式迴圈。若條件式為 false，則不執行迴圈，直接跳到迴圈外的下一個敘述；若條件式為 true，則執行迴圈內的敘述，再檢查條件式是否成立，如此不斷循環，直到條件式不成立。

while 的語法與流程圖如下，因為先判斷條件式，可能條件式一開始就不成立，所以迴圈執行的次數可以是 0 次。

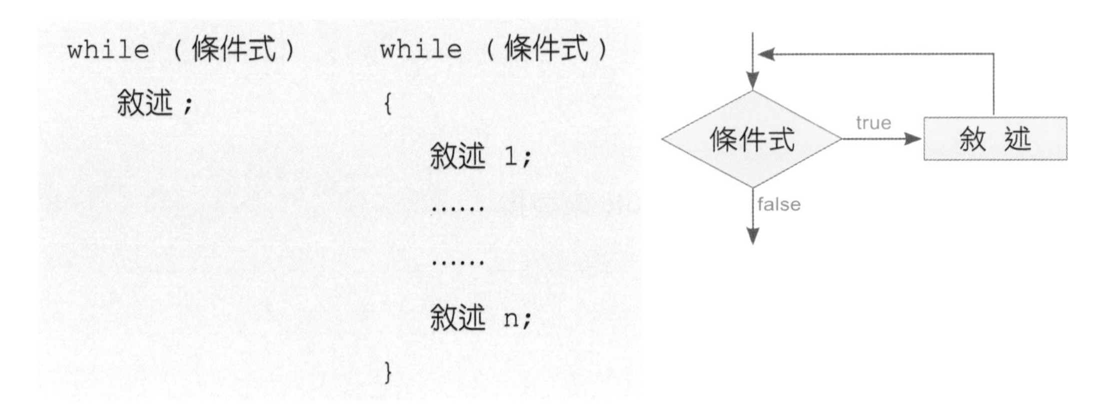

如下例，while 迴圈共執行 5 次，最後 i 的值為 5。

```
int i = 0;
while ( i < 5 )
   i++;
```

下例則會輸出 54321

```
int i = 5;
while (i)
   cout << i--;
```

for 迴圈可使用 while 迴圈替換，方式如下

for （初始值； 條件式； 更新值）
　敘述；
	初始值；
	while （條件式） {
	　敘述；
	　更新值；
	}

例如：計算 1 加到 n 的程式碼可使用 while 取代 for 如下

for (i = 1; i <= n; i++)
　sum += i;
	i = 1;
	while (i <= n){
	　sum += i;
	　i++;
	}

for 的無窮迴圈也可以使用 while 來替換

for (; ;)	while (1)

範例 5.2.1 數字倒轉 (a038)

將一整數以相反的順序輸出。例如：輸入 5681，輸出 1865。

輸入：一整數

輸出：以相反方向輸出此整數

解題方法

1. 輸出整數 n 的個位數 n % 10。例如：5681 % 10 = 1，所以輸出 1。
2. 將此整數的個位數去除 (n / 10)，再將它指定給 n，也就是 n = n / 10，可寫成 n /= 10。例如：5681 / 10 = 568，所以 n 的新值為 568。
3. 重複步驟 1，直到 n 的值變為 0。
4. 所以解題的虛擬碼如下：

```
while (n > 0) {
   輸出 n % 10;
   n /= 10;
}
```

5. 解題流程圖如右：

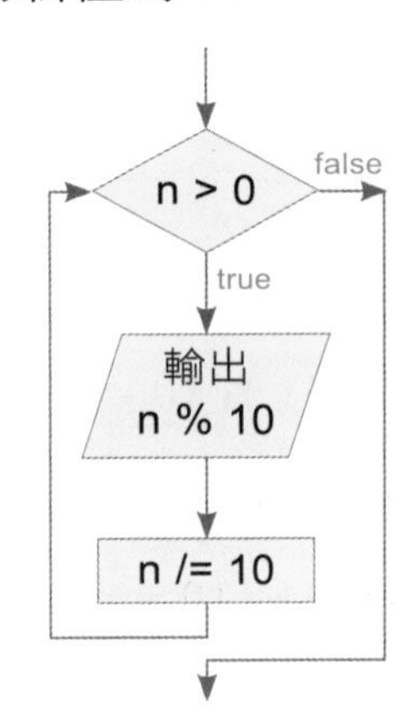


```
1   #include <iostream>
2   using namespace std;
3   int main()
4   {
5       int n;
6       cout << "輸入一個正整數 ";
7       cin >> n;
8       cout << "倒轉的數值為 ";
9       while (n > 0)
10      {
11          cout << n % 10;    // 輸出 n 值的個位數
12          n /= 10;           // 將 n 值設定為除以 10 的商
13      }                      // (9-13: while 重複結構)
14      cout << endl;
15
16      return 0;
17  }
```

執行結果

```
輸入一個正整數 62073
倒轉的數值為 37026
```

程式說明

第 9 - 13 行

1. n = 62073 > 0，所以 while (n > 0) 成立，執行迴圈。
   輸出 62073 % 10 == 3，n = n / 10 = 62073 / 10 = 6207。
2. n = 6207 > 0，所以 while (n > 0) 成立，執行迴圈。
   輸出 6207 % 10 == 7，n = n / 10 = 6207 / 10 = 620。
3. 依此類推，最後 n = 6 > 0，所以 while (n > 0) 成立，執行迴圈。
   輸出 6 % 10 == 6，n = n / 10 = 6 / 10 = 0。

   因為 n == 0，while (n > 0) 不成立，結束迴圈。

cin 可做為 while 的條件式，用於重複輸入資料，語法如下

```
while (cin >> 變數) 或 while (cin >> 變數 1 >> 變數 2 …)
```

如下例，會重複讀取 x 和 y 的值，直到輸入為空（NULL）時

```
while ( cin >> x >> y )
```

要使用鍵盤輸入 NULL，可按 ctrl + z 鍵後，再按 enter 鍵，結束迴圈。若要在 cin 前加入敘述，可使用「逗號 , 」運算子隔開。如下例，會反複輸出字串 " 輸入兩整數 "，將變數 i 值設為 0，再讀取 x, y 的值。

```
while ( cout << " 輸入兩整數 ", i = 0, cin >> x >> y )
```

範例 5.2.1-2 找出所有因數

寫一程式，能重複輸入一個正整數，輸出此數的所有因數。

輸入：一個正整數

輸出：此整數的所有因數

解題方法

1. 輸入一個整數 cin >> x，重複輸入一個整數 while (cin >> x)。
2. 要找出 x 的因數，可檢查 1~x 的所有整數，能整除 x 的就是它的因數。
3. 所以可使用 for 迴圈，若 i 是檢查的數，則迴圈為 for (i = 1; i <= x; i++)。
4. 只有能整除 x 的 i 值，才是因數，因此判斷式可設為 (x % i == 0) 或 !(x % i)。

```
1  #include <iostream>
2  using namespace std;
3
4  int main()
5  {
6     int x, i;
7     while (cin >> x)                    重複輸入一個整數
8     {
9        for (i = 1; i <= x; i++)         從 1 檢查到 x
10       {
11          if (x % i == 0)               若 i 可以整除 x，表示 i 是 x 的因數
12             cout << i << " ";
13       }
14    }
15    return 0;
16 }
```

執行結果

```
100
1 2 4 5 10 20 25 50 100

31
1 31
```

程式說明

◆ 第 9 - 13 行

若 x = 6

1. i = 1 時，(6 % 1 == 0) 成立，所以輸出 1。
2. i = 2 時，(6 % 2 == 0) 成立，所以輸出 2。
3. i = 3 時，(6 % 3 == 0) 成立，所以輸出 3。
4. i = 4 時，(6 % 4 == 0) 不成立，所以不輸出。
5. i = 5 時，(6 % 5 == 0) 不成立，所以不輸出。
6. i = 6 時，(6 % 6 == 0) 成立，所以輸出 6。

範例 5.2.1-3 最大公因數 (a024)

使用輾轉相除法，求兩數之最大公因數。

解題方法

1. 輾轉相除法是運用歐幾里德演算法 (Euclid's algorithm)，找出兩數之最大公因數。此演算法的幾何原理如下：

   以兩數做為矩形的兩邊長，反複以短邊為邊長，切割出正方形，直到最後一個正方形為止，此最小正方形的邊長就是兩數的最大公因數。

2. 例如：找出 75 與 30 之最大公因數的步驟如下：

(1) 繪出一個 75×30 的矩形。

(2) 以短邊 30 為邊長，切割出兩個 30×30 的正方形，矩形變成 15×30。

(3) 再以短邊 15 為邊長，切割出兩個 15×15 的正方形。

(4) 15×15 是最小的正方形，所以 15 就是 75 與 30 的最大公因數。

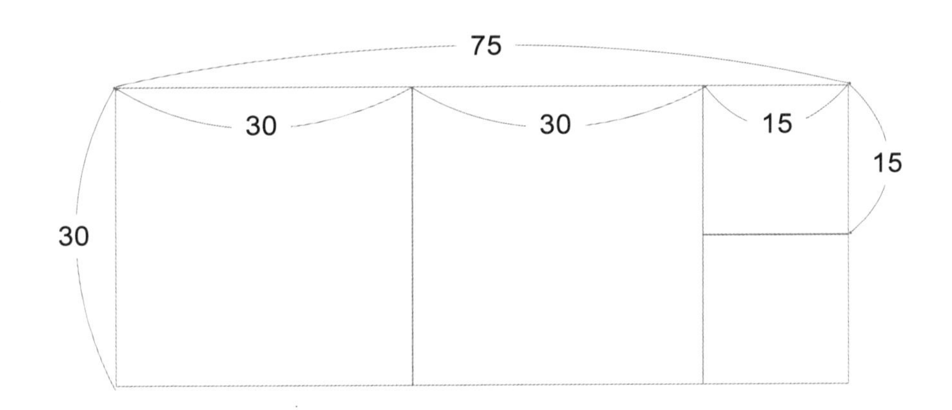

3. 觀察另一個例子，找出 58 和 40 最大公因數的步驟：

x		y		x % y
58	%	**40**	=	**18**
40	%	**18**	=	**4**
18	%	**4**	=	**2**
4	%	**2**	=	**0**
2	**.....**	最大公因數		

(1) 若 x % y == 0，則 y 是最大公因數。

(2) 若 x % y != 0，則將 (x, y) 轉換成 (y, x % y)。

(x, y) (y, x % y)

將敘述寫成 x = y; y = x % y; 是錯的，因為先執行 x = y，所以 x 的值已被變為 y，因此 y = x % y = y % y = 0，y 值永遠為 0。

(3) 和兩數交換的方法一樣，可使用一個暫時變數 k 將 x % y 的值先存起來，再進行變數變換，也就是 k = x % y; x = y; y = k;。

```
1  #include <iostream>
2  using namespace std;
3
4  int main()
5  {
6     int x, y, k;
7     while (cout << "輸入兩整數 ", cin >> x >> y)
8     {
9        while (x % y)
10       {
11          k = x % y;
12          x = y;
13          y = k;
14       }
15       cout << "最大公因數 = " << y << endl;
16    }
17    return 0;
18 }
```

- 第 7 行：反複輸入 x, y 兩數
- 第 9 行：檢查 y 是否可整除 x，若是，y 就是最大公因數，否則執行迴圈
- 第 11 行：將 x 除以 y 的餘數指定給變數 k
- 第 12 行：將 y 的值指定給 x (小數變大數)
- 第 13 行：將 k 的值指定給 y (x % y 變小數)

程式說明

◆ 第 9 - 14 行可以改寫成

```
while (x != y)
{
   if (x > y)
      x -= y;
   else
      y -= x;
}
```

5.2.2 後測式重複結構 do - while

do - while 屬於後測式重複結構，不論條件式是否成立，迴圈至少會執行一次，才判斷條件式是否成立，如果成立，再執行下一個迴圈循環，否則跳離迴圈。do - while 的語法與流程圖如下，注意，while 後面需要有分號 ;。

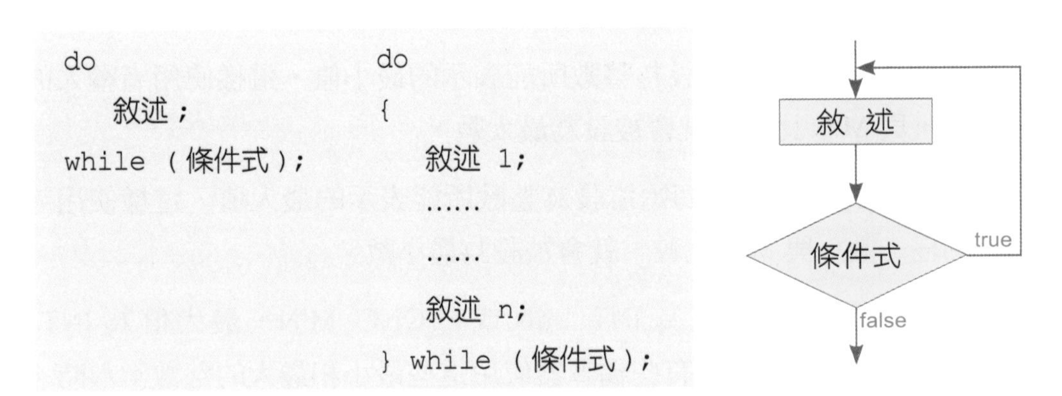

do - while 可應用於限制輸入值的範圍，例如：要輸入月份時，為了確保輸入值會在 1~12，可將輸入的敘述放到 do –while 結構內，如以下程式碼

```
do
{
    cout << "輸入月份 ";
    cin >> mon;
} while (mon > 12 || mon < 0);
```

當輸入的 mon 值不是 1~12，也就是 mon > 12 或 mon < 0 時，會執行迴圈，要求重新輸入，直到輸入 1~12。前面很多例子都可以使用 do – while 來確保資料輸入的正確性。

範例 5.2.2 後測重複結構

依序輸入 5 個整數，輸出最大數、最小數、及平均值。

解題方法

1. **將最大數 Max 的初始值設為整數所能表示的最小值，這樣使用者輸入的任一數，與 Max 比較，就會被設為最大數。**
2. 同理，將最小數 Min 的初始值設為整數所能表示的最大值，這樣使用者輸入的任一數，與 Min 比較，就會被設為最小數。
3. 整數所能表示的最小值為 INT_MIN 或 LLONG_MIN，最大值為 INT_MAX 或 LLONG_MAX。有些編譯器使用這些最小和最大的整數常數時，需引入標頭檔 <climits>。

```
1   #include <iostream>
2   using namespace std;
3
4   int main()
5   {
6       int n, count = 1, sum = 0;
7       int Max = INT_MIN, Min = INT_MAX;
8
9       do {
10          cout << " 輸入第 " << count << " 個整數 ";
11          cin >> n;
12          Max = (Max < n) ? n : Max;
13          Min = (Min > n) ? n : Min;
14          sum += n;
15          count++;
16      } while (count <= 5);
```

（第 7 行註解：將最大數 Max 設為整數所能表示的最小數。將最小數 Min 設為整數所能表示的最大數）

（第 12 行註解：若 n 值比最大數 Max 大，將 Max 設為 n）

（第 13 行註解：若 n 值比最小數 Min 小，將 Min 設為 n）

（第 16 行註解：判斷條件式 count <= 5）

```
17
18      cout << "最大數 " << Max << endl << "最小數 " << Min << endl
19           << "平均值 " << sum / 5.0 << endl;
20
21      return 0;
22  }
```

執行結果

```
輸入第 1 個整數 22
輸入第 2 個整數 85
輸入第 3 個整數 46
輸入第 4 個整數 58
輸入第 5 個整數 72
最大數 85
最小數 22
平均值 56.6
```

動動腦

此程式該如何使用前測式重複結構改寫？

範例 5.2.2-2 標記控制迴圈

輸入一整數，輸出其絕對值，再讓使用者選擇輸入「1: 繼續 0：結束」執行程式。

```
1  #include <iostream>
2  using namespace std;
3  int main()
4  {
5      int a;
6      bool replay;        布林變數 replay 用來判斷是否繼續執行迴圈
7      do
8      {
9          cout << "輸入整數值：";
10         cin >> a;                      如果 a >= 0，輸出 a，否則輸出 -a
11         cout << "輸入數為 " << ((a >= 0) ? a : -a) << endl;
12         cout << "請選擇 (1 : 繼續 0 : 結束) ";
13         cin >> replay;      輸入控制是否繼續執行程式之變數 replay
14     } while (replay);       若輸入的變數 replay 為 1，繼續執行迴圈，為 0 則結束迴圈
15     return 0;
16 }
```

執行結果

```
輸入整數值：5
絕對值為 5
請選擇 (1 : 繼續 0 : 結束) 1
輸入整數值：-6
絕對值為 6
請選擇 (1 : 繼續 0 : 結束) 0
```

範例 5.2.2-3 等比數列的和

某種植物每天生長的高度為前一天長高之高度的一半，若長高之高度小於 0.5 m，則停止生長。例如：其初始高度為 4 m，則第一天長高 2 m，第二天 1 m，第三天 0.5 m，第四天 0.25 m，0.25 m < 0.5m，所以第五天後停止生長，因此最後高度為 4 + 2 + 1 + 0.5 + 0.25 = 7.75 m。寫一程式，輸入植物初始的高度，計算最後的高度。

輸入：一浮點數，代表初始高度

輸出：最後的高度，取至小數點以下第 2 位

解題方法

1. 將初始高度視為第 1 次長高的高度，用變數 height 表示。此時總高度 total = 長高的高度 height。
2. 若 height < 0.5，輸出總高度，否則執行 do - while 迴圈。
3. do – while 內應包含以下敘述
   生長的高度為前一天長高之高度的一半；
   總高度 = 原來的高度 + 長高的高度；
4. 解題的虛擬碼如下

```
if (高度 >= 0.5)
  do {
    生長的高度為前一天長高之高度的一半；
    總高度 = 原來的高度 + 長高的高度；
  } while ( 高度 >= 0.5);
輸出總高度；
```

5. 解題流程圖如右

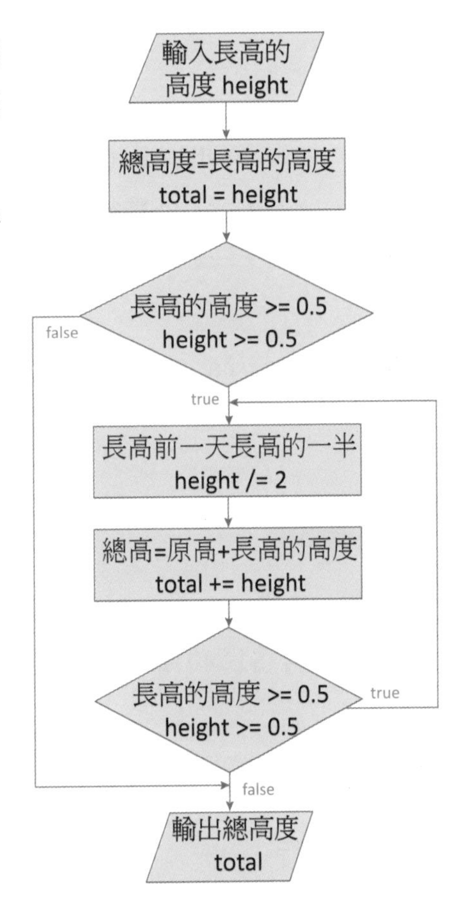

```
1  #include <iostream>
2  #include <iomanip>                    使用 setprecision 時，需先引入標頭檔 <iomanip>
3  using namespace std;
4  int main()
5  {
6     float height, total                height 為每次長高的高度，total 為總高度
7     cout << "輸入初始高度 (m) ";
8     cin >> height;
9     total = height;                    將總高度設為初始高度
10    if (height >= 0.5)                 高度 >= 0.5，才執行迴圈
11       do
12       {
13          height /= 2;                 生長的高度為前一天長高之高度的 1/2
14          total += height;             總高度 = 原來的高度 + 長高的高度
15       } while (height >= 0.5);        重複執行迴圈，直到高度 >= 0.5 不成立
16    cout << "最後高度為 " << fixed << setprecision(2)
17         << total << " m" << endl;
18
19    return 0;
20 }
```

執行結果

```
輸入初始高度 (m) 25.94
最後高度為 51.47 m
```

程式說明

◆ 第 16 行

fixed << setprecision(2) 是採四捨五入取至小數點以下第 2 位。

5.3 改變迴圈的執行

5.3.1 continue

continue、break、goto 三個指令可改變迴圈的執行。其中 goto 一次可以跳離好幾層結構，但結構化程式並不建議使用，所以本書不介紹。

如下圖，continue 是「繼續」的意思，也就是跳過迴圈內之後的敘述，讓程式跳回迴圈的開頭，再繼續執行下一次迴圈。continue 要放在迴圈內，放在其它位置會產生編譯錯誤。

```
for (初始值; 條件式; 更新值)
  ......
  continue;
  ......
}
```

```
while (條件式){
  ......
  continue;
  ......
}
```

```
do {
  ......
  continue;
  ......
}while (條件式);
```

範例 5.3.1 非倍數之整數和

計算 1 到 1000 非 3 及非 7 之倍數的和。

解題方法

1. 使用迴圈，由 1 加到 1000，但 3 或 7 的倍數不相加。
2. 由 1 加到 1000 的迴圈 for (i = 1; i <= 1000; i++) sum += i;
3. 3 或 7 的倍數 (i % 3 == 0) || (i % 7 == 0)，可以寫成 !(i % 3) || !(i % 7)
4. 「不相加」的方法是讓程式跳回迴圈的開頭，不執行相加的敘述，再繼續執行下一個迴圈，所以可使用 continue 指令。
5. 所以 3 和 7 之倍數不相加的敘述 if (!(i % 3) || !(i % 7)) continue

```
1  #include <iostream>
2  using namespace std;
3  int main()
```

```
 4  {
 5      int n = 1000;
 6      int sum = 0, i;
 7      for (i = 1; i <= n; i++)
 8      {
 9          if (!(i % 3) || !(i % 7))
10              continue;
11          sum += i;
12      }
13      cout << "1 到 " << n << " 非 3 及非 7 之倍數的和為 "
14              << sum << endl;
15      return 0;
16  }
```

計算 1 到 1000，所以控制變數 i 由 1~1000

若 i 可以被 3 或 7 整除，執行 continue 指令，跳回 for 迴圈的開頭，再繼續執行下一次迴圈，這樣就不會執行累加的敘述 sum += i;。

執行結果

```
1 到 1000 非 3 及非 7 之倍數的和為 286284
```

5.3.2 break 跳躍指令

break 指令可以跳離 switch 結構，也可以跳離迴圈，如下圖，break 指令可讓程式跳至迴圈外的下一個敘述繼續執行。continue 和 break 的區別是，continue 只結束本次迴圈，不會終止整個迴圈的執行，break 則會結束整個迴圈。

```
for (初始值; 條件式; 更新值)      while (條件式)      do
{                                 {                   {
   .......                           .......             .......
   break;                            break;              break;
   .......                           .......             .......
}                                 }                   } while (條件式);
下一個敘述                        下一個敘述          下一個敘述
```

範例 5.3.2 猜數字遊戲

寫一程式，設定某一整數為答案，讓使用者輸入猜想的數字，若輸入值大於答案，提示輸入值太大，若小於答案，提示輸入值太小，直到輸入值等於答案時，才顯示猜對的訊息與次數。

解題方法

1. 因為無法預測使用者會猜多少次，所以使用無窮迴圈（while (1)），直到猜對時，才跳離迴圈（break）。
2. 解題步驟

```
while (1) {
    輸入數字；
    次數 + 1;
    if （數字 == 答案）
        顯示猜對了，並跳離迴圈；
    else if （數字 > 答案）
        顯示數字太大；
    else
        顯示數字太小；
}
```

```
1  #include <iostream>
2  using namespace std;
3  int main()
4  {
5     int i = 0, num, ans = 15;
6     while (1)
7     {
8        cout << "輸入一個整數 ";
9        cin >> num;
10       i++;
```

i 是猜的次數，num 是猜的數字，ans 是答案

無窮迴圈，一直猜數字，直到碰到 break 敘述，才跳離迴圈

```
11        if (num == ans)                          如果輸入值和答案相同
12        {
13           cout << "猜對了！真厲害！" << endl;
14           break;                                跳離迴圈，執行第 21 行
15        }
16        else if (num < ans)                      如果輸入值小於答案
17           cout << "數值太小，請再輸入一次！" << endl;
18        else
19           cout<< "數值太大，請再輸入一次！" << endl;
20     }
21     cout << "您共猜了 " << i << " 次" << endl;
22     return 0;                                   如果沒有和答案相同，也沒有
23  }                                              小於答案，代表輸入值大於答案
```

執行結果

```
輸入一個整數 20
數值太大，請再輸入一次！
輸入一個整數 10
數值太小，請再輸入一次！
輸入一個整數 15
猜對了！真厲害！
您共猜了 3 次
```

一個大於 1 的正整數，除了 1 和本身外，沒有其他的因數，此數就是質數。在資訊科學上，質數常被作為解決問題的基礎，例如：網路安全的公開金鑰密碼系統，常使用大質數作為金鑰。

其原理是若把兩個 20 位數的質數相乘，設 N = 大質數 A× 大質數 B，則 N 值的位數可能高達 40 多位數，所以 N 值可對外公開，因為即使別人知道，也很難分解出是那兩個質數的乘積，所以系統的安全強度和所用的質數大小有關，質數越大，安全性越高。

要判斷 n 是否為質數，並不需檢查 < n 的每個數能否整除 n，只要檢查到 $\sqrt{n}$ 即可。注意 $\sqrt{n}$ 也要檢查。

例如：檢查 24 時，因為 24 = 2 * 12，所以檢查 2，就不需檢查 12；檢查 3，就不需檢查 8；檢查 4，就不再檢查 6。最多只要檢查到 4 即可。

範例 5.3.2-2 質數判斷 (a007)

輸入某一整數，若此數是質數，輸出 " 是質數 "，否則輸出 " 不是質數 "。

解題方法

1. 使用迴圈，檢查 2~ $\sqrt{n}$ 的每個整數是否能整除 n，若其中一者可以整除 n，表示 n 不是質數，跳出迴圈。
2. $\sqrt{n}$ 的計算可使用 sqrt(n) 函數，sqrt 是平方根 square root 的意思，使用時需引入標頭檔 <cmath>。
3. 宣告一個整數 prime，用來表示 n 是否為質數，若 prime = 1，表示 n 是質數，若 prime = 0，則表示 n 不是質數。prime 就是範例 4.5.2 介紹過的旗幟 flag。
4. 預設 n 是質數，所以 prime = 1。一旦 n 不是質數時，再將 prime 設為 0。

```
int prime = 1;
```

5. 判斷 n 是否為質數的虛擬碼如下

```
設 n 是質數；                    // int prime = 1
for (i = 2 到 sqrt(n))
  if (n 可以被 i 整除){
     n 不是質數；                // prime = 0
     跳出迴圈；                  // break
  }
```

```
1  #include <iostream>
2  #include <cmath>
3  using namespace std;
4  int main()
5  {
6     int n, root, i, prime = 1;
7     cout << "輸入一個整數 ";
8     cin >> n;
9
10    root = sqrt(n);
11    for (i = 2; i <= root; i++)
12       if (n % i == 0){
13          prime = 0;
14          break;
15       }
16    cout << n;
17    prime ? cout << "是質數" : cout << "不是質數";
18    return 0;
19 }
```

因使用到 sqrt 函數，所以需引入標頭檔 <cmath>

prime 用來表示 n 是否為質數，若 prime =1，n 是質數；prime = 0，n 不是質數

檢查到$\sqrt{n}$ (取整數)，$\sqrt{n}$的計算使用 sqrt 函數

若 n 可以被 i 整除，跳出迴圈，執行下一行的 if 敘述

執行結果

```
輸入一個整數 91
91 不是質數
```

程式說明

- 若 n = 91，第 10 行

  sqrt(91) = 9.54，root 為整數，所以 root = 9

- 第 11 - 15 行

  一一檢查 2~9 的整數是否可以整除 91，當 i = 7 時，7 可整除 91，執行第 14 行的 break，跳離迴圈，執行第 16 行

5.4 APCS 實作題 — 重複結構

範例 5.4 人力分配 (201710 APCS 第 1 題)

若某公司有兩個工廠，分別配置 X_1 和 X_2 位員工時，獲利為 Y_1 和 Y_2。獲利與員工數 X_1 和 X_2 的關係式如下：

$$Y_1 = a_1X_1^2 + b_1X_1 + c_1$$
$$Y_2 = a_2X_2^2 + b_2X_2 + c_2$$

設計一個程式，將 n 個員工分配到兩個工廠，以取得最大獲利。

輸入：第 1 行和第 2 行各有三個整數，分別為 a_i, b_i, c_i $(i = 1, 2)$ 之值，第 3 行有一個正整數，表示員工人數。

輸出：一個整數，代表最大獲利。

範例一：輸入
```
2 -1 3
4 -5 2
2
```
範例一：正確輸出
```
11
```

範例一：輸入
```
-1 -2 -3
3 2 1
5
```
範例一：正確輸出
```
83
```

解題方法

分析問題，解演算法可設計如下：

(1) 輸入 a1, b1, c1, a2, b2, c2 及員工人數 n。

(2) 總獲利 y = Y1 + Y2

= a1 * X1 * X1 + b1 * X1 + c1 + a2 * X2 * X2 + b2 * X2 + c2

(3) 若工廠一分配 i 人，工廠二則會有 n - i 人，也就是 X1 = i, X2 = n - i，所以總獲利

y = a1 * i * i + b1 * i + c1 + a2 * (n - i) * (n - i) + b2 * (n - i) + c2

(4) 使用 for 迴圈，找出 n 位員工分配到兩間工廠的所有可能，也就是讓 i 從 0 到 n，一一試算出每種分配方法的總獲利，同時找出最大獲利。迴圈可設計如下：

```
for (i = 0; i <= n; i++) {
    y = a1 * i * i + b1 * i + c1 + a2 * (n - i) * (n - i)
        + b2 * (n - i) + c2;
    if (最大獲利 < y)
         最大獲利 = y;
}
```

若最大獲利為 max，可將 max 的初始值設成很小，例如：-99999999 或 INT_MIN。

讓迴圈執行第一次時，if 內的條件式就能成立，使 max 能被 y 取代，等同將第一種分配方式的獲利設為 max。

(5) 最後輸出最大獲利 max。

```
1 #include <iostream>
2 using namespace std;
3
4 int main()
5 {
6     int a1, b1, c1, a2, b2, c2, n, i, y;   // y 為總獲利
7     int max = INT_MIN;   // max 為最大獲利，將其初始值設成最小整數
8
9     cin >> a1 >> b1 >> c1 >> a2 >> b2 >> c2 >> n;
10
11     for (i = 0; i <= n; i++){   // 找出 n 位員工分配到兩間廠的所有可能
12         y = a1 * i * i + b1 * i + c1 + a2 * (n-i) *
13             (n-i) + b2 * (n-i) + c2;   // 計算總獲利
```

```
14          if (max < y)
15             max = y;
16      }
17      cout << max;
18
19      return 0;
20 }
```

若最大獲利 max < 此種分配模式的總獲利 y，更改最大獲利 max

輸出最大獲利

執行結果

```
33 66 99            -1000 -1000 -1000
-25 35 -45          1000 1000 1000
55                  100
103509              10100000
```

學習挑戰

一、選擇題

1. (　　) 下列程式碼的輸出為何？

```
for (i = 0; i <= 8; i++){
  cout << i;
  i++;
}
```

(A) 0 2 4 6 8　　(B) 0 1 2 3 4 5 6 7 8

(C) 0 1 3 5 7　　(D) 0 1 3 5 7

2. (　　) 若 a = 5，下列程式碼的輸出為何？

```
for (i = 0; i < 20; i++){
 i = i + a;
 cout << i;
}
```

(A) 5 10 15 20　　(B) 5 11 17 23

(C) 6 12 18 24　　(D) 6 11 17 22

3. (　　) 若 s = 0，執行下列程式碼後，s 的值為？

```
for ( j = 1; j <= 100; j += 2 )
  s += j;
```

(A) 5050　　(B) 2500　　(C) 5025　　(D) 5000

4. (　　) 若 t = 0，執行下列程式碼後，t 的值為？

```
for ( i = 1; i <= 10; i++ )
  for ( j = i; j <= 10; j++ )
    t++;
```

(A) 100　　(B) 55　　(C) 20　　(D) 50

5. (　　) 若 n 為正整數，a = 0，執行下列程式後，a 的值為？

```
for (i = 1; i <= n; i++)
  for (j = i; j <= n; j++)
    for (k = 1; k <= n; k++)
      a++;
```

(A) n(n+1)/2　(B) $n^3/2$　(C) n(n-1)/2　(D) $n^2(n+1)/2$

6. (　　) 若 p = 2，執行下列程式後，p 的值為？

```
while (p < 2000)
  p = 2 * p;
```

(A) 1023　(B) 1024　(C) 2047　(D) 2048

7. (　　) 若 i = 2, x = 3, N = 65536，執行下列程式後，輸出結果為？

```
while (i <= N) {
  i = i * i * i;
  x++;
}
cout << i << " " << x;
```

(A) 2417851639229258349412352 7

(B) 68921 43

(C) 65537 65539

(D) 134217728 6

8. (　　) 若 z = 20, j = 0, y = 8，執行下列程式碼後，z 的值為？

```
while ( j < y ) {
  z--;
  j++;
}
```

(A) 20　(B) 8　(C) 13　(D) 12

9. (　　) 若 sum = 0，下列程式碼若輸入 2 3 5 0 -1 6 2 -1，sum 值為？

```
cin >> num;
while (num != -1) {
  sum = sum + num;
  cin >> num;
}
```

(A) 9　(B) 10　(C) 16　(D) 18

10. (　　) 若 a = 0, c = 0, x = 15, y = 9，執行下列程式碼後，c 的值為？

```
do {
  a = a + y;
  c++;
} while (c != x);
```

(A) 15　(B) 9　(C) 24　(D) 6

11. (　　) 若 n = 1，執行下列程式碼後，n 的值為？

```
while (n != 6)
    n +=2;
```

(A) 1　(B) 6　(C) 9　(D) 無窮迴圈

12. (　　) 若 num = 11，執行下列程式碼後，輸出結果為？

```
while (num >= 0) {
  if (num % 5 == 0) break;
  num = num - 2;
  cout << num << " ";
}
```

(A) 9 7 5 3　(B) 9 7 5　(C) 11 9 7 5　(D) 11 9 7 5 3

13.(　　) 若 n = 22，下列敘述會印出多少個數字？

```
while (n != 1){
  if ((n % 2) == 1)
    n = 3 * n + 1;
  else
    n = n / 2;
  cout << n;
}
```

(A) 16　　(B) 22　　(C) 21　　(D) 15

14.(　　) 若 x = 0, n = 5，執行下列程式碼後，x 的值為？

```
for (i = 1; i <= n; i++)
  for (j = 1; j <= n; j++) {
    if ((i + j) == 2)
      x = x + 2;
    if ((i + j) == 3)
      x = x + 3;
    if ((i + j) == 4)
      x = x + 4;
  }
```

(A) 12　　(B) 24　　(C) 16　　(D) 20

15.(　　) 使用輾轉相除法，求 i,j 的最大公因數。空格處的敘述應為？

```
while (i % j){
   ______________
   ______________
   ______________
}
```

(A) k = i % j; i = j; j = k;　　(B) i = j; j = k; k = i % j;

(C) i = j; j = i % k; k = i;　　(D) k = i; i = j; j = i % k;

二、應用題

1. 寫一程式，能在輸入一個字元後，判斷此字元是不是母音（a, e, i, o, u 或 A, E, I, O, U）。

2. 寫一程式，能輸入任一整數，輸出此整數各個位數之和的值。例如：輸入 203581，輸出 2 + 0 + 3 + 5 + 8 + 1 = 19。

3. 完成下列程式，輸入正整數 n 時，能計算出以下各項的值

   (1) 1 * 2 * 3 * 4 ...... * n

   (2) 1 - 2 + 3 - 4 + ... +(-) n

   (3) 1 + 1/2 + 1/3 + ... + 1/n

   (4) n 的質因數和。

4. 圓周率 π 的計算如下，寫一程式，計算前 1000 項的 π 值。

   $$\pi = 4 - \frac{4}{3} + \frac{4}{5} - \frac{4}{7} + \frac{4}{9} - \frac{4}{11} + \frac{4}{13} \cdots\cdots\cdots\cdots$$

5. 寫一程式，能輸出小於 10000，且所有位數和為 9 的數值。例如：1233, 6111。

7. 若最多有 8000 個糖果要分裝，7 個一數餘 5，11 個一數餘 5，17 個一數餘 5。寫一程式，輸出所有可能的分裝結果。

8. 若某數等於其所有因數（不含本身）的和，此數稱為完全數，例如：6 = 1 + 2 + 3、28 = 1 + 2 + 4 + 7 + 14。寫一程式，能列出 30000 以內的所有完全數。

CHAPTER 06

陣列

本章學習重點

- 陣列的認識與使用
- 陣列的應用
- 二維陣列與多維陣列
- 二維陣列的應用
- 向量 (vector)
- APCS 實作題 – 陣列

本章學習範例

- 範例 6.1.2　陣列的使用
- 範例 6.1.4　陣列相加
- 範例 6.1.4-2　找出陣列最大值
- 範例 6.1.4-3　陣列記錄問題
- 範例 6.1.4-4　十進位轉二進位 (a034)
- 範例 6.2.1　陣列初始化與亂數
- 範例 6.2.1-2　陣列計數
- 範例 6.2.2　陣列反轉
- 範例 6.2.2-2　陣列元素左移
- 範例 6.2.3　循序搜尋
- 範例 6.2.4　二分搜尋
- 範例 6.2.5　氣泡排序
- 範例 6.4　二維陣列的計算
- 範例 6.4-2　巴斯卡三角形
- 範例 6.5　十進位轉二進位
- 範例 6.6　成績指標 (201603 APCS 第 1 題)

6.1 陣列的認識與使用

6.1.1 陣列的意義

若有 6 位學生，可使用 6 個變數來儲存學生的成績，但人數增多時，管理與使用這些變數，就會變得很麻煩，甚至不可行。例如：要計算 200 位學生成績的總和，至少要宣告 200 個變數，程式虛擬碼如下

```
int a1, a2, a3, a4, a5, …………a198, a199, a200, sum;
cin >> a1 >> a2 >> a3 ………… >> a199 >> a200;
sum = a1 + a2 + a3 …………… + a198 + a199 + a200;
```

一個變數一次只能存放一個值，要宣告與使用這麼多變數，完全不可行。但若有一個變數可以設成 a[i]，用來表示第 i 位學生的成績，其中 i = 1~200，這就是陣列的基本概念。

陣列（array）是由一組具有相同型態的變數集合而成的，陣列的每個資料稱為元素（element），元素儲存在記憶體連續的位置上，透過索引（index），可存取陣列個別的元素。如範例 6.1.1，因為每個成績的型態相同，所以可使用陣列 a 來取代 6 個變數，如下圖，其中 a[0], a[1],… a[5] 是陣列的元素，0~5 則是陣列的索引。

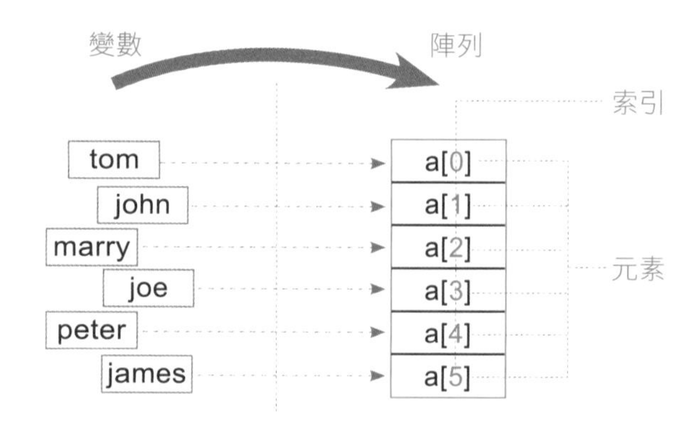

有了陣列資料結構，陣列資料規律性的操作就可以使用迴圈來處理，操作時，使用 for 迴圈，會比使用 while 迴圈方便。如上例，要處理 200 位學生的資料，可使用下列敘述。

1. 陣列輸入：下面敘述可以讀取鍵盤輸入的資料後，存到陣列內。

```
for (i = 0; i < 200; i++)
   cin >> a[i];
```

2. 陣列輸出：下面敘述可以將每個元素值輸出到螢幕。

```
for (i = 0; i < 200; i++)
   cout << a[i] << " ";
```

使用以上敘述輸出陣列元素，最後一筆資料後，會有一個空格。若要最後一筆資料後沒有空格，可先輸出陣列第一個元素，再使用迴圈輸出空格和後面的元素。

```
cout << a[0];
for (i = 1; i < 200; i++)
    cout  << " " << a[i];
```

3. 陣列元素加總：下面敘述可以將每個元素的值加總。

```
sum = 0;
for (i = 0; i < 200; i++)
   sum = sum + i;                // 也可寫成 sum += i;
```

使用陣列的優點在於，可替代程式內大量用途相近的變數，配合迴圈，使程式更精鍊易懂，也可擴充設計的彈性。

6.1.2 陣列的宣告

陣列是一群具有相同型態的變數，像一般變數一樣，使用前也需先宣告。陣列常使用中括號 [ ] 來表示，宣告的格式如下：

```
資料型態 陣列名稱 [ 陣列大小 ];
```

1. 資料型態可以是 int, long, char, float, double 等。
2. 陣列名稱必須是識別字。例如：宣告一個大小為 6 的整數陣列 a

```
int a[6];           或          int n = 6;
                                int a[n];
```

此陣列包含的意義如下圖：

1. a 是陣列的名稱。陣列 a 有 6 個元素，分別是 a[0], a[1], ... a[4], a[5]，可存放 6 個整數。
2. 陣列索引為 0~5，第一個元素是 a[0]，不是 a[1]。最後一個元素是 a[5]，不是 a[6]。第 i 個元素所存放的整數為 a[i - 1]。
3. 陣列所需的記憶體大小，會依宣告的資料型態和陣列大小而定。因為儲存整數，陣列 a 每個元素占 4 bytes，有 6 個元素，所以此陣列占 24 bytes。

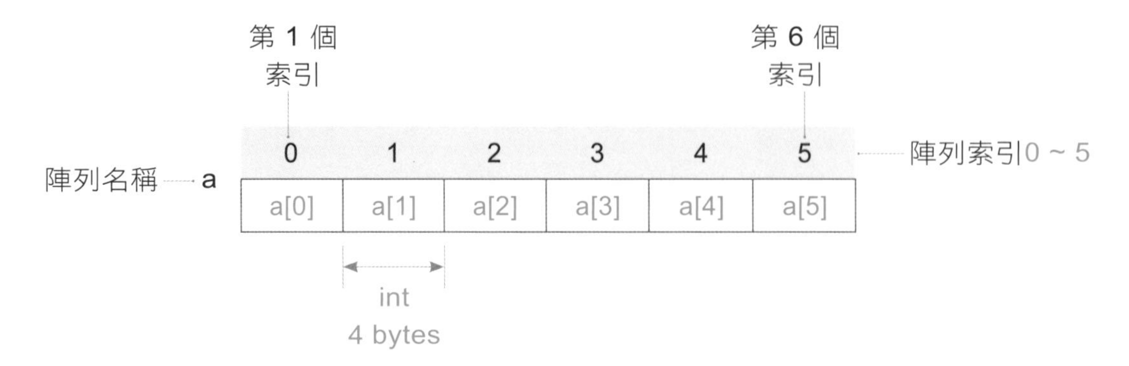

陣列的基本概念包含：

1. 大小為 n 的陣列，其索引是 0 ~ n – 1，不是 1 ~ n。
2. 編譯器會配置陣列的記憶體空間，並將陣列名稱指向此空間的起始位址。
3. 索引是相對於陣列起始位址的位移量（offset），是指從第一個元素開始的第幾個，例如：a[3] 的位移量為 3，表示 a[3] 是從第一個元素開始的第 3 個元素，編譯器會根據位移量來存取陣列元素。
4. 編譯器不會檢查所使用的陣列索引是否超出範圍，如下例，編譯時並不會出現錯誤，但執行結果是錯的。

```
int a[10];
a[10] = 1;      // a 共 10 個元素，索引為 0~9，a[10] 的索引 10 超出範圍
a[-1] = 0;      // a[-1] 的索引 -1 超出範圍
```

範例 6.1.2 陣列的使用

使用陣列寫一程式，輸入 4 位學生的成績，加總並計算平均後輸出。

```
1  #include <iostream>
2  using namespace std;
3  int main()
4  {
5      int a[4];                     // 宣告一個整數陣列
6      int i, sum = 0;
7      for (i = 0; i < 4; i++)       // 使用 for 迴圈處理陣列
8      {
9          cout << "輸入 " << i + 1 << " 號成績 ";
10         cin >> a[i];              // 輸入陣列元素的值
11         sum += a[i];              // 陣列元素的值加總
12     }
13     cout << "總成績為 " << sum << endl;
14     cout << "平均為 " << (float) sum / 4 << endl;
15     return 0;                     // sum / 4 為整數，所以使用強制轉換 (float)，將 sum 轉為浮點數
16 }
```

執行結果

```
輸入 1 號成績 89
輸入 2 號成績 95
輸入 3 號成績 82
輸入 4 號成績 76
總成績為 342
平均為 85.5
```

6.1.3 陣列初始化

陣列在函數內宣告後，元素值可能是不可預知的資料，如下圖，宣告一個大小為 3 的浮點數陣列 a，此陣列有 3 個元素，存放的值都是不可預知的。

float a[3];

a	4.80863e+033	0	1.4013e-045

所以使用陣列前，可先賦予陣列元素特定的資料值，這就是陣列的初始化。陣列若未被適當初始化，並不會產生編譯錯誤，但會得到錯誤的結果，將會大幅增加除錯的難度。

陣列的初始化是將大括號 { } 內的資料，在陣列宣告時，一併指定給陣列的元素。常用的方式有下列幾種：

1. 使用 for 迴圈給予陣列元素相同的初始值。例如：

```
for (i = 0; i < 10; i++)
   a[i] = 0;
```

2. 指定資料值給陣列元素。例如：

```
int a[4];
a[0] = 5; a[1] = 6; a[2] = 7; a[3] = 8;
```

3. 給予全部元素初始值。例如：

```
int a[5] = {10, 11, 12, 13, 14};
```

其中 a[0] = 10, a[1] = 11, a[2] = 12, a[3] = 13, a[4] = 14。

索引	0	1	2	3	4
a	10	11	12	13	14

注意，初始值的個數不能比陣列元素多。例如：

```
int a[3] = {10, 11, 12, 13, 14};
```

錯，陣列大小為 3，但有 5 個初始值

4. 給予部分元素初始值，未設定初始值的元素會被設為 0。例如：

```
int a[5] = {10};  // 等同 int a[5] = {10, 0, 0, 0, 0}
```

其中 a[0] = 10, a[1] = 0, a[2] = 0, a[3] = 0, a[4] = 0。

索引	0	1	2	3	4
a	10	0	0	0	0

5. 給予全部元素初始值 0。例如：

```
int a[5] = { };   // 等同 int a[5] = {0, 0, 0, 0, 0}
```

其中 a[0] = 0, a[1] = 0, a[2] = 0, a[3] = 0, a[4] = 0。

索引	0	1	2	3	4
a	0	0	0	0	0

6. 不指定陣列大小，直接給予初始值。例如：

```
int a[ ] = {10, 11, 12, 13, 14};  // 會被視為 int a[5]
```

其中 a[0] = 10, a[1] = 11, a[2] = 12, a[3] = 13, a[4] = 14。

因為有 5 個初始值，所以編譯器會將陣列大小視為 5。但若只宣告陣列，沒有給予初始值時，一定要指定陣列大小，int a[ ]; 是錯誤的語法。

使用大括號 { } 初始化陣列，必須在陣列宣告時才能使用，否則會產生錯誤，例如：

```
int a[5];

a[5] = {10, 11, 12, 13, 14};  // 錯，此處 a[5] 並不是一個陣列，它只是陣列 a 的一個元素，不能將多個值指定給它，且用 {} 初始化陣列，只能在陣列宣告時使用

a = {10, 11, 12, 13, 14};  // 錯，陣列名稱 a 是指向陣列空間的起始位址，不能直接將初始值指定給名稱
```

6.1.4 陣列的操作

透過索引可存取陣列內的元素，但索引值必須是整數常數或整數運算式。例如：

```
int a[10] = {1, 2, 3, 4, 5, 6, 7, 8, 9, 0}, i = 0, b;
a[1]= a[2] + a[3] - a[2 * 3];   // a[1] = a[2] + a[3] - a[6] = 3 + 4 – 7 = 0
b = a[i + 2];                   // b = a[ 0 + 2 ] = a[2] = 3
a[a[i]] = a[2] + 5;             // a[a[i]] = a[a[0]] = a[1]，a[1] = a[2] + 5 = 3 + 5 = 8
```

操作陣列時，應注意陣列名稱與陣列元素的不同

1. 陣列名稱：是記憶體位址，無法只用陣列名稱存取陣列內的資料。例如：要輸入或輸出陣列 a 的資料時，下列敘述都是不合法的。

```
cin >> a;                    cout << a;
```

2. 陣列元素：存放陣列的資料，可用索引存取陣列內的資料。所以要輸入或輸出陣列資料時，需一個一個元素輸入或輸出。

以下列舉一些陣列操作的實例：

1. 陣列複製

陣列名稱是指向陣列之記憶體的起始位址，要將陣列 a 複製成陣列 b，不能用 b = a，因為 b = a 是表示將陣列 a 的起始位址指定給陣列 b 的起始位址，所以兩個陣列會有相同的起始位址，表示是同一個陣列。

```
int a[10], b[10];
b = a;          // 錯，陣列名稱是位址，不能直接將陣列名稱直接指定給另一個陣列名稱
```

陣列的複製需使用迴圈，每個元素逐一複製。程式片段如下

```
int i, a[10], b[10];
for (i = 0; i < 10; i++)
    b[i] = a[i];
```

2. 陣列比較

要判斷陣列是否相等時，不可以直接使用陣列名稱互相比較。

```
int i, a[10], b[10];
if (b != a)
```

錯，陣列名稱是位址，不能直接比較

而是要每個元素逐一比較。程式片段如下

```
int i, a[10], b[10];
for (i = 0; i < 10; i++)
    if (b[i] != a[i] )
    ..................
```

3. 陣列相加

大小相同的陣列才能相加，要將陣列 a 與陣列 b 相加到陣列 c，不能用 c = a + b，必須逐一元素相加。程式片段如下

```
int i, a[10], b[10], c[10];
for (i = 0; i < 10; i++)
    c[i] = b[i] + a[i];
```

以陣列相加的程式碼為例，若改變陣列大小，例如：由 10 改為 15，程式碼就有 4 個地方需要修改，很不方便，也容易出錯。

因此可先宣告一個整數 n = 10，再宣告 a[n], b[n], c[n]，這樣修改陣列大小時，只要更改 n 值即可。撰寫程式時，一定要隨時注意，讓自己的程式碼將來更好維護及擴展。

注意，n 一定要先給定一個值，否則程式執行到 a[n] 時，編譯器會不知要配置多大的空間給陣列，就會造成錯誤。陣列相加的程式碼可改寫如下

```
int i, n = 10, a[n], b[n], c[n];
for (i = 0; i < n; i++)
    c[i] = b[i] + a[i];
```

範例 6.1.4 陣列相加

寫一程式，能輸出陣列 {7, 8, 4, 1, 3, 5, 9, 2} 與陣列 {-2, 0, 5, -1, 3, 8, -8, 9} 相加後的結果。

```
 1  #include <iostream>
 2  using namespace std;
 3
 4  int main()
 5  {
 6     int n = 8;
 7     int a[n] = {7, 8, 4, 1, 3, 5, 9, 2};
 8     int b[n] = {-2, 0, 5, -1, 3, 8, -8, 9};
 9     int c[n], i;
10
11     for ( i = 0; i < n; i++ )
12        c[i] = a[i] + b[i];             陣列逐一元素相加
13     cout << "陣列 a + 陣列 b 的結果為 ";
14     for ( i = 0; i < n; i++ )
15        cout << c[i] << " ";            輸出相加後的陣列
16     cout << endl;
17
18     return 0;
19  }
```

執行結果

```
陣列 a + 陣列 b 的結果為 5 8 9 0 6 13 1 11
```

範例 6.1.4-2 找出陣列最大值

寫一程式，能找出某一陣列的最大值。

解題方法

1. 宣告整數變數 maxI 為最大值之元素的索引，起始的最大值是第一個元素，所以 maxI 設為 0。
2. 使用 for 迴圈，一一檢查陣列元素是否大於 maxI 的元素值，如果是，就將索引值指定給 maxI。
3. 以陣列 a {7, 8, 4, 9, 2} 為例，找出最大值的步驟如下：

i = 0　maxI = 0　a[maxI] = 7

0	1	2	3	4
7	8	4	9	2

i = 1　因為 a[1] > a[maxI] (8 > 7)
所以 maxI = 1　a[maxI] = 8

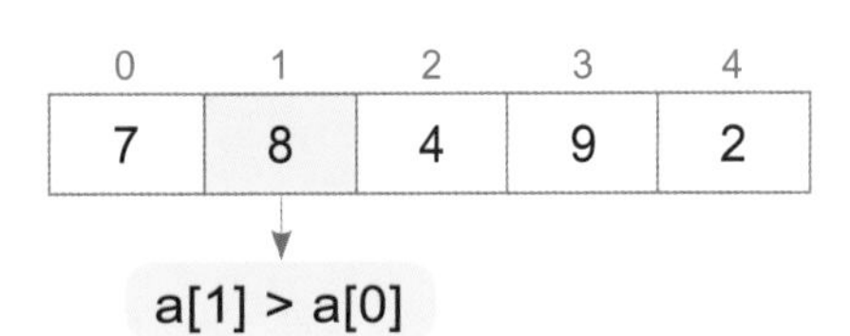

i = 2　因為 a[2] < a[maxI] (4 < 8)
所以 maxI = 1　a[maxI] = 8

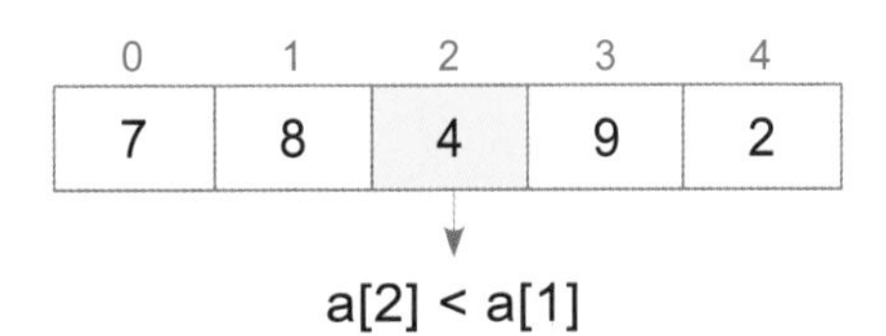

i = 3　因為 a[3] > a[maxI] (9 > 8)
所以 maxI = 3　a[maxI] = 9

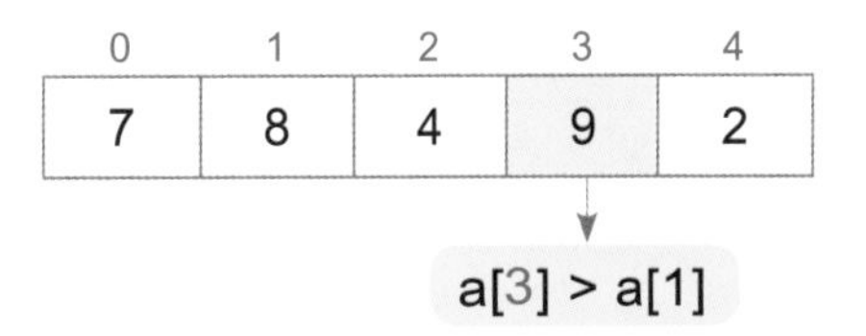

i = 4　因為 a[4] < a[maxI] (2 < 9)
所以 maxI = 3　a[maxI] = 9

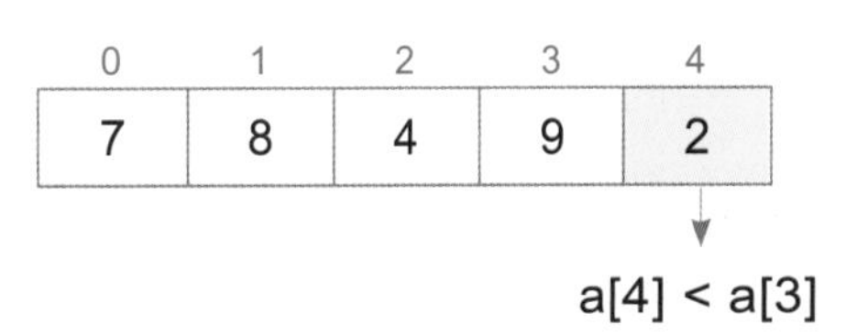

```
1  #include <iostream>
2  using namespace std;
3
4  int main()
5  {
6     int n = 5;
7     int a[n] = {7, 8, 4, 9, 2};
8     int maxI = 0, i;
9     for ( i = 0; i < n; i++ )
10       if (a[i] > a[maxI])
11          maxI = i;
12
13    for ( i = 0; i < n; i++ )
14       cout << a[i] << " ";
15    cout << endl;
16    cout << 最大值 a[" << maxI << "]="<< a[maxI] << endl;
17
18    return 0;
19 }
```

maxI 為最大值之索引，起始的最大值是第一個元素，所以 maxI = 0

檢查元素是否大於 maxI 的元素值，若是，將 i 指定給 maxI

執行結果

```
7 8 4 9 2
最大值 a[3]=9
```

動動腦

1. 如何找出某一陣列的最小值？
2. 如何找出某一陣列的次大值？

範例 6.1.4-3 陣列記錄問題

上電腦課時，學生陸續進入電腦教室，小老師記錄每位進教室同學的座號，寫一程式，協助小老師找出缺席同學的座號。

輸入：一串正整數，第一個數字為班級人數，第二個數字為實到人數，後面接續這些實到同學的座號。例如：5 3 4 1 2，表示全班 5 人，實到 3 人，分別是 4 號、1 號、2 號。

輸出：缺席同學的座號，例如：3 5。

解題方法

1. 宣告一個陣列 a，用來記錄每位同學出席的情形，索引代表學生的座號，若某位學生出席，便以該生的座號為索引，將對應的元素值設為 1，未出席的陣列元素則設為 0。

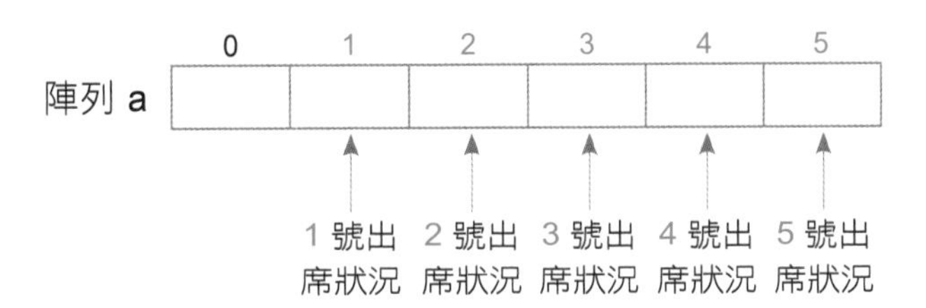

2. 將陣列 a 每個元素的初始值設為 0，表示皆尚未出席。

	0	1	2	3	4	5
陣列 a	0	0	0	0	0	0

3. 將出席學生對應的元素值設為 1，例如：4, 1, 2 號出席，將 a[4], a[1] 及 a[2] 設為 1，依此類推。

	0	1	2	3	4	5
陣列 a	0	1	1	0	1	0

4. 要找出缺席同學的座號時，只要一一檢查陣列的每個元素即可，若元素值不等於 1，便輸出缺席同學的座號。

```
 1  #include <iostream>
 2  using namespace std;
 3  int main()
 4  {
 5     int all, n, s, i;
 6     cout << "輸入班級人數、實到人數、已到座號 ";
 7     cin >> all >> n;
 8     int a[n] = { };                         // 宣告一個大小為 n 的整數陣列 a，並將每個元素的初始值為 0
 9     for (i = 1; i <= n; i++) {
10        cin >> s;
11        a[ s ] = 1;                          // 以學生的座號為索引，將對應的元素值設為 1
12     }
13     cout << "缺席座號 ";
14     for (i = 1; i <= all; i++)
15        if (a[i] != 1) cout << i << " ";     // 若陣列元素的值不是 1，輸出其索引（座號）
16     return 0;
17  }
```

執行結果

```
輸入班級人數、實到人數、已到座號 8 4 5 3 1 7
缺席座號 2 4 6 8
```

程式說明

- 第 9 - 12 行：觀察陣列 i 和 a[i] 的值

i	1	2	3	4	5	6	7	8
a[i]	1	0	1	0	1	0	1	0

  陣列元素值等於 0 者，代表缺席的人。

- 第 14 - 15 行：一一檢查陣列的每個元素，如果元素值不等於 1，便輸出 i，代表缺席同學的座號。

範例 6.1.4-4 十進位轉二進位 (a034)

十進位數轉二進位數的方法，是將十進位數連續除以 2，直到商為 0。先後產生的餘數，分別為二進位數右邊之第一位、第二位、第三位等，依此類推。寫一個程式，能連續將十進位數轉成二進位數。

輸入：十進位數

輸出：二進位數

解題方法

1. 解題方法可參考 p 3-13 範例 3.2.3-2，反覆使用運算子 % 和 /，將整數轉換成二進位，並將其值存放在陣列中。
2. 宣告一整數陣列 a，用來存放二進位數；並宣告一整數 c，用來作為陣列的動態索引，c 的初始值設為 0。
3. 若輸入的十進位數為 n，將 n 除以 2 的餘數存在元素 a[c] 內，也就是 a[c] = n % 2。
4. c 的值加 1，指向陣列下一個元素。
5. 將 n 的值指定為 n / 2，也就是 n = n / 2。
6. 重複步驟 2，直到 n 等於 0。
7. 解題流程圖如右：

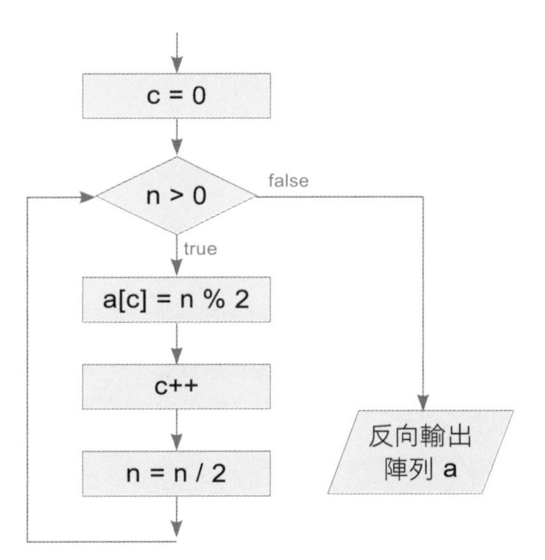

8. 以 n = 11 為例，運算的步驟如下：

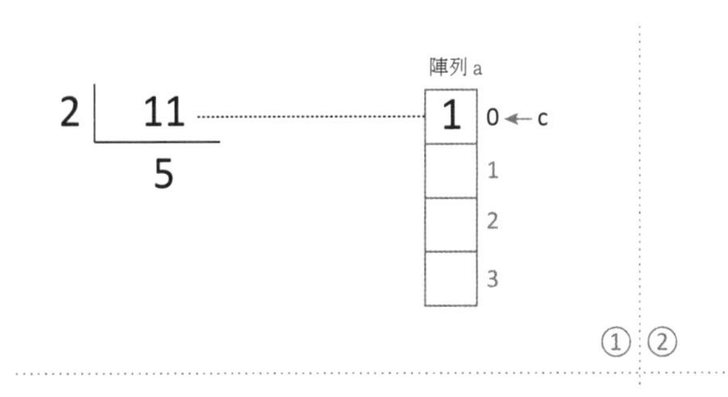

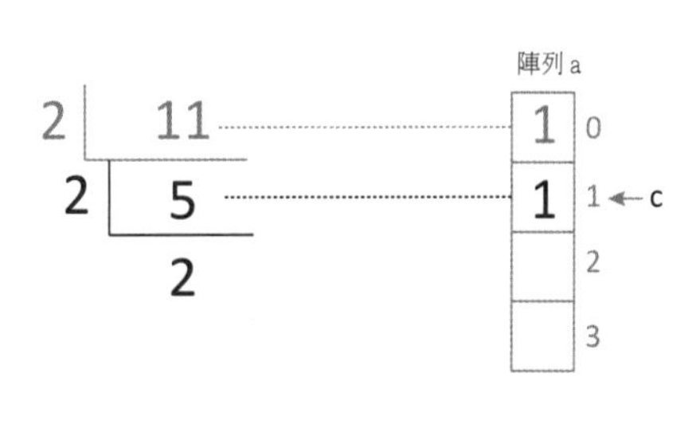

① ②

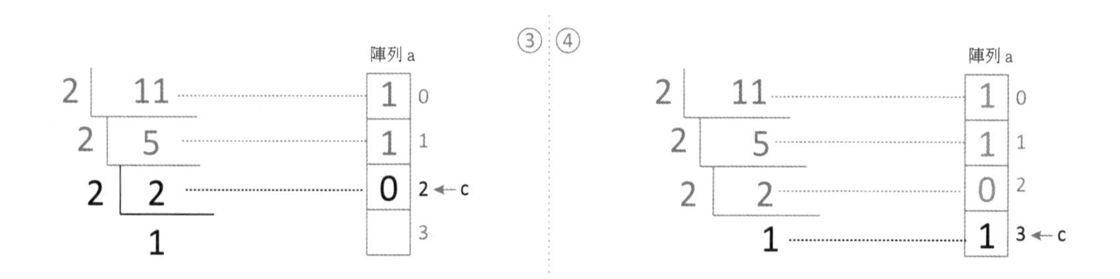

9. 二進位數右邊第 1 位數存放在 a[0]，第二位數在 a[1]，依此類推。所以要輸出此二進位數時，必需從陣列最後一個元素往第一個元素輸出。

```
1   #include <iostream>
2   using namespace std;
3   int main()
4   {
5       int n, a[50], c;
6       while (cout << " 輸入一個整數 n ", cin >> n){      // 連續輸入十進位數 n
7           c = 0;
8           while ( n > 0)                                // 當 n > 0 時，執行迴圈
9           {
10              a[c] = n % 2;                             // 將 n 除以 2 的餘數存在元素 a[c]
11              c++;                                      // c 的值加 1，指向陣列下一個元素
12              n /= 2;                                   // 將 n 的值指定為 n / 2
13          }
14          for (int i = c - 1; i >= 0; i--)
15              cout << a[i] ;                            // 由最後一個元素往第一個元素輸出
16          cout << endl;
17      }
18      return 0;
19  }
```

執行結果

```
輸入一個整數 n 6
110
輸入一個整數 n 32
100000
輸入一個整數 n 18
10010
```

程式說明

- 第 8 - 13 行

  若 n = 6 時，

	第 1 次迴圈	第 2 次迴圈	第 3 次迴圈
第 10 行	a[0] = 6 % 2 = 0	a[1] = 3 % 2 = 1	a[2] = 1 % 2 = 1
第 11 行	c = 1	c = 2	c = 3
第 12 行	n = 6 / 2，n = 3	n = 3 / 2 = 1	n = 1 / 2 = 0

  a[0] = 0，a[1] = 1，a[2] = 1

- 第 14 - 15 行

  反向輸出陣列元素，即依序輸出 a[2], a[1], a[0]，所以會輸出 110。

動動腦

十進位數轉二進位數的另一個方法，是使用位元運算子，想看看，若要將十進位數 n 轉成對應的二進位，右邊程式碼的空格內應填入甚麼？

```
for (i = 31; i >= 0; i--)
{
   k = n__i;
   if (______)
      cout << "1";
   else
      cout << "0";
}
```

6.2 陣列的應用

6.2.1 次數累計

陣列可用來記錄累計的次數，例如：宣告一個整數陣列 c，用元素 c[1]~c[6] 分別記錄骰子出現 1~6 點的次數。在介紹累計次數前，先說明如何使用電腦亂數模擬骰子出現的點數。

使用亂數時，要先產生亂數的種子，才能取得所要的亂數。步驟如下

1. 使用 srand(time(NULL)) 函數產生亂數種子

   srand 是 seed（種子）和 random（隨機）的縮寫，是隨機產生亂數種子的意思。亂數種子每次都要不同，所以可使用時間函數 time( ) 當做種子。time(NULL) 會傳回自 1970/1/1 到程式執行當時所經過的秒數，所以每次取到的值都會不同。

2. 使用 rand() 函數取得亂數

   此函數會隨機產生 0 到最大整數間的任一整數。亂數的範圍可使用運算子 % 取得，例如：

亂數 r 的範圍	敘述
0~5	r = rand( ) % 6
0~99	r = rand( ) % 100
0~n	r = rand( ) % (n + 1)

若亂數範圍的起始值不是 0 時，可同時移動起始值與終止值，使起始值變為 0 後，再加上移動量即可。如右圖，產生 m~n 之亂數的步驟如下

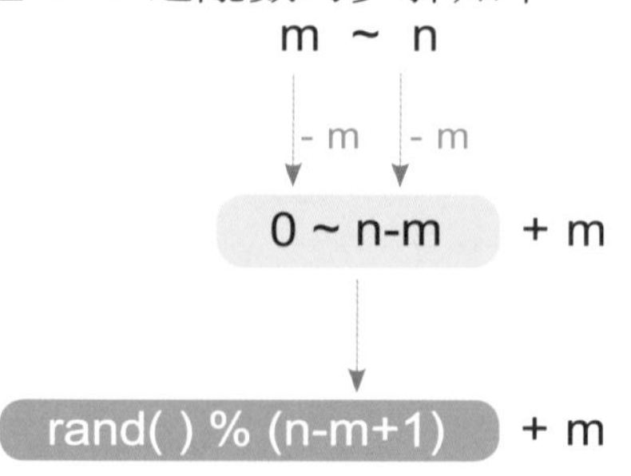

1. 將 m~n 同時減 m，得到 0~n - m。
2. 產生 0~n - m 之亂數的運算式為

   rand() % (n – m + 1)。
3. 所以產生 m~n 之亂數的運算式為

   m + rand() % (n - m + 1)。

使用 time( ) 函數需引入標頭檔 <ctime>，使用 srand( ) 和 rand( ) 需引入 <cstdlib>。所以使用到亂數時，程式需引入以下兩個標頭檔。若不知要引入那些標頭檔，可引入萬用標頭檔，也就是 #include <bits/stdc++.h>。

```
#include <ctime>
#include <cstdlib>
```

範例 6.2.1 陣列初始化與亂數

使用 for 迴圈，產生 6 個 1~6 的亂數，指定給陣列 a 的各元素。

```
1   #include <iostream>
2   #include <ctime>                    // 第 9 行用到 time() 函數
3   #include <cstdlib>                  // 第 9 行用到 srand() 函數，第 11 行用到 rand() 函數
4   using namespace std;
5   int main ()
6   {
7       int n = 6;                      // 宣告 n = 6，做為陣列大小
8       int a[n];                       // 宣告一個大小為 6 的整數陣列
9       srand(time(NULL));              // 產生亂數種子
10      for (int i = 0; i < n; i++)
11          a[i] = (rand( ) % 6) + 1;   // 取出 1~6 的亂數，並將它指定給陣列元素
12      for (int i = 0; i < n; i++)     // 輸出陣列元素的值
13          cout << "a[" << i << "] = " << a[i] << "\t";
14      cout << endl;
15      return 0;
16  }
```

執行結果

```
a[0] = 1    a[1] = 4    a[2] = 6    a[3] = 2    a[4] = 5    a[5] = 2
```

範例 6.2.1-2 陣列計數

使用亂數模擬擲骰子出現的點數，統計連續擲 10,000 次後，骰子出現各點的累計次數。

```
 1  #include <iostream>
 2  #include <ctime>
 3  #include <cstdlib>
 4  using namespace std;
 5  int main()
 6  {
 7     int n = 7;
 8     int f[n] = {};
 9     srand(time(NULL));
10     for ( int roll = 1; roll <= 10000; roll++ )
11        ++f[ rand( ) % 6 + 1 ];
12     cout << "點數\t次數" << endl;
13     for ( int face = 1; face < n; face++ )
14        cout << face << "\t" << f[ face ] << endl;
15     return 0;
16  }
```

可改用 #include <bits/stdc++.h>

整數陣列 f 用來儲存骰子點數的累計次數，元素初始值設為 0

產生亂數種子

變數 roll 為擲骰子的次數

取得 1~6 的亂數，並將骰子出現點數的次數累加到陣列 f 中

輸出元素 f[1]~f[6] 的值，變數 face 代表骰子出現的面

執行結果

```
點數  次數
1     1699
2     1637
3     1666
4     1697
5     1598
6     1703
```

6.2.2 陣列反轉

陣列反轉（array reverse）是把陣列元素的排列順序倒反過來，使第一個元素變成最後一個，最後一個元素變成第一個，依此類推。例如：陣列 { 6, 5, 4, 3, 2, 1 } 經過下圖的步驟，會反轉成 {1, 2, 3, 4, 5, 6 }。

請觀察圖中，被交換元素之索引的變化，也就是標註為灰底的索引。

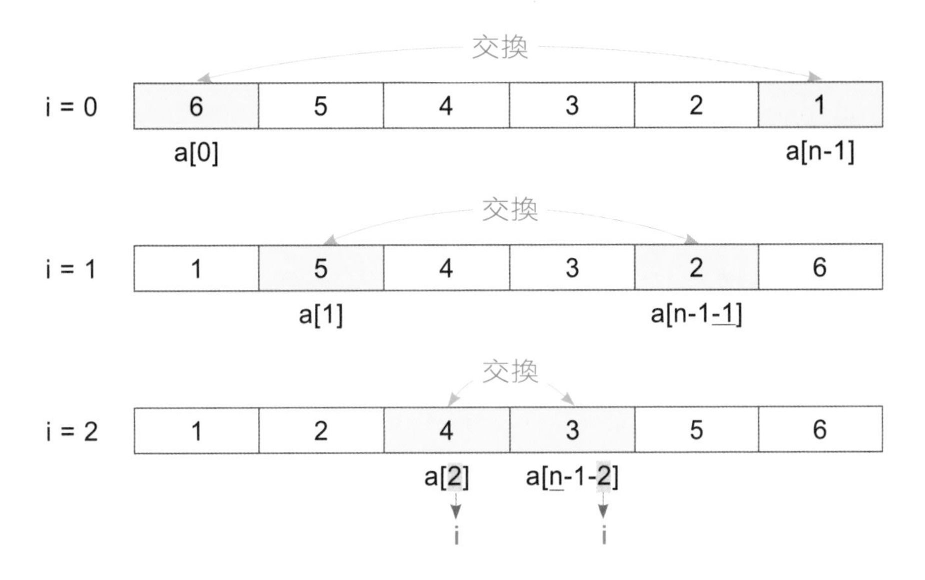

陣列若有 n 個元素，反轉陣列需 n / 2 次交換，若 n 是奇數，最中間的元素不用交換，n / 2 剛好可除去小數。從上面的步驟，可以歸納出，陣列反轉的通則是 a[i] 和 a[n - 1 - i] 交換，i 的範圍為 0~n / 2 - 1。

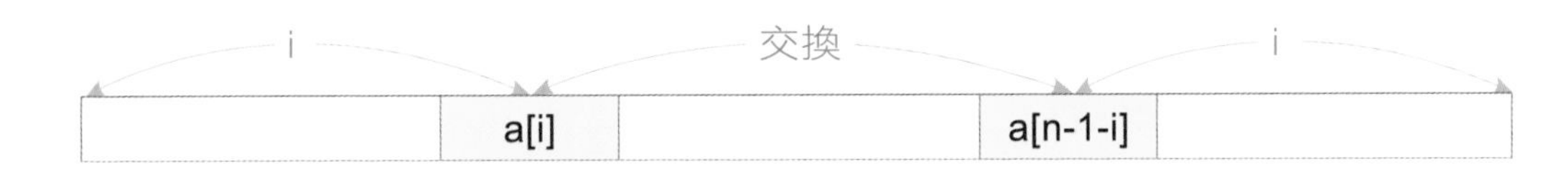

因此可使用 for 迴圈，由陣列頭尾兩端往中間靠近，每次將兩端點的元素 a[i] 和 a[n - 1 - i] 交換，就可以反轉陣列。程式虛擬碼可設計如下

```
for (i = 0; i < n / 2; i++)
  a[i] 和 a[n - 1 - i] 交換
```

範例 6.2.2 陣列反轉

將陣列元素排列順序的反轉過來。

輸入：一串整數，第一個數字 n 為資料數，後面是 n 筆整數資料。例如：輸入 3 8 9 5，表示有 3 筆資料，分別是 8, 9, 5。

輸出：反轉後的陣列，例如：5 9 8。

```
1  #include <iostream>
2  using namespace std;
3  int main()
4  {
5     int n, i;
6     cout << "輸入資料 ";
7     cin >> n;                              // 輸入第一個數字 n，代表資料數
8     int a[n];
9     for (i = 0; i < n; i++)
10       cin >> a [i];
11                                           // 將迴圈次數設為陣列大小 / 2
12    for (i = 0; i < n / 2; ++i )
13       swap(a[i], a[n - 1 - i]);           // 將 a[i] 和 a[ n – 1 – i] 交換
14    cout << "反轉後的陣列為 ";
15    for (i = 0; i < n; i++)
16       cout << a[i] << " ";
17    return 0;                              // 輸出陣列元素的值
18 }
```

執行結果

```
輸入資料 8 1 2 3 4 5 6 7 0
反轉後的陣列為 0 7 6 5 4 3 2 1
```

範例 6.2.2-2 陣列元素左移

寫一程式，將大小為 n 的陣列 a，每一個元素左移一個位置，例如：a[2] 移到 a[1]，a[3] 移到 a[2]，a[0] 則移到 a[n-1]。

解題方法

1. 思考解題方法，可使用迴圈，將陣列每個相鄰的元素，兩兩交換。這樣第 2 個元素就會移到第 1 個，第 3 個移到第 2 個，依此類推，第 1 個移到最後一個。

2. 若陣列大小 n = 5，a[n] = {0, 1, 2, 3, 4}，使用迴圈交換相鄰的兩數，步驟如下：

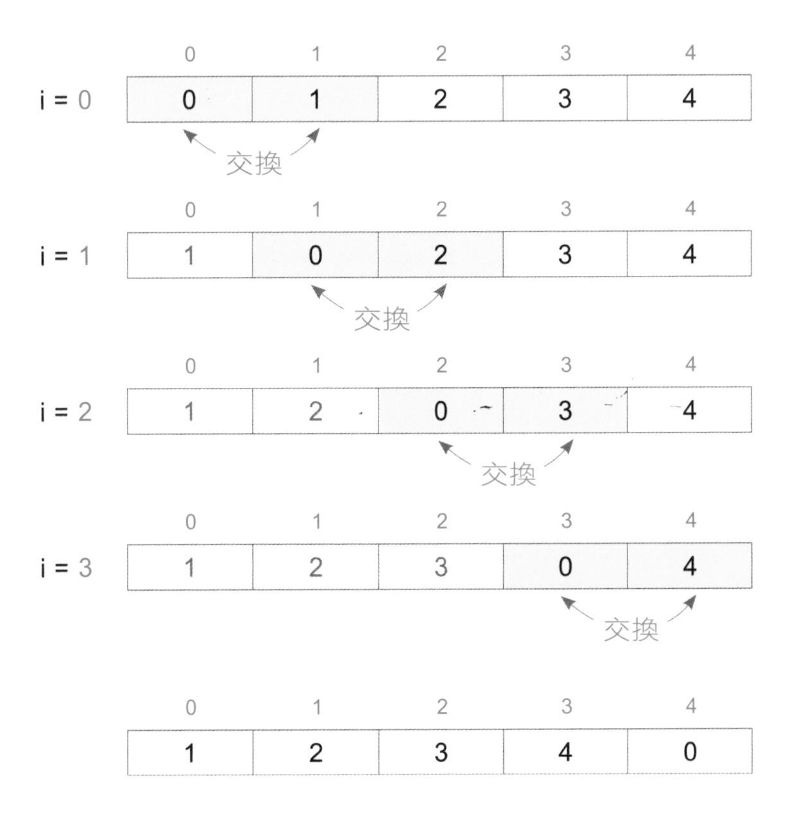

3. 上例的陣列共有 5 個元素，完成搬移需交換 4 次，i 的值為 0 ~ 3。所以若陣列有 n 個元素，需交換 n - 1 次，i 的值為 0 ~ n - 2。

```
1  #include <iostream>
2  using namespace std;
3  int main()
4  {
5     int a[] = {1, 2, 3, 4, 5, 6};
6     int i, n = 6;

7     for (i = 0; i <= n - 2; i++)          // 陣列有 n 個元素，需交換 n - 1 次
8          swap(a[i], a[i + 1]);            // 兩數交換

9     cout << a[0];                         // ┐
10    for (i = 1; i < n ; i++)              // ├ 輸出陣列 a 的元素值
11       cout << ", " << a[i];              // ┘
12    return 0;
13 }
```

執行結果

```
2, 3, 4, 5, 6, 1
```

6.2.3 循序搜尋

資料搜尋的方法有很多種，循序搜尋（sequential search）是各種搜尋方法中最簡單的一種。循序搜尋就是由頭到尾或由尾到頭，逐一比對資料中是否有與鍵值（key）相同的資料。其優點是程式撰寫容易，資料不須事先排序。

若有一陣列 a 為 {40, 30, 10, 80, 66, 50, 20, 90, 70, 60}，要搜尋鍵值 66，使用循序搜尋的步驟如下圖

1. 比較 a[0] 是否等於 66，因為 40 != 66，所以往下一個元素繼續搜尋。

2. 比較 a[1] 是否等於 66，因為 30 != 66，所以往下一個元素繼續搜尋。

3. 比較 a[2] 是否等於 66，因為 10 != 66，所以往下一個元素繼續搜尋。

4. 比較 a[3] 是否等於 66，因為 80 != 66，所以往下一個元素繼續搜尋。

5. 比較 a[4] 是否等於 66，因為 66 == 66，找到鍵值是在索引 4 的位置。

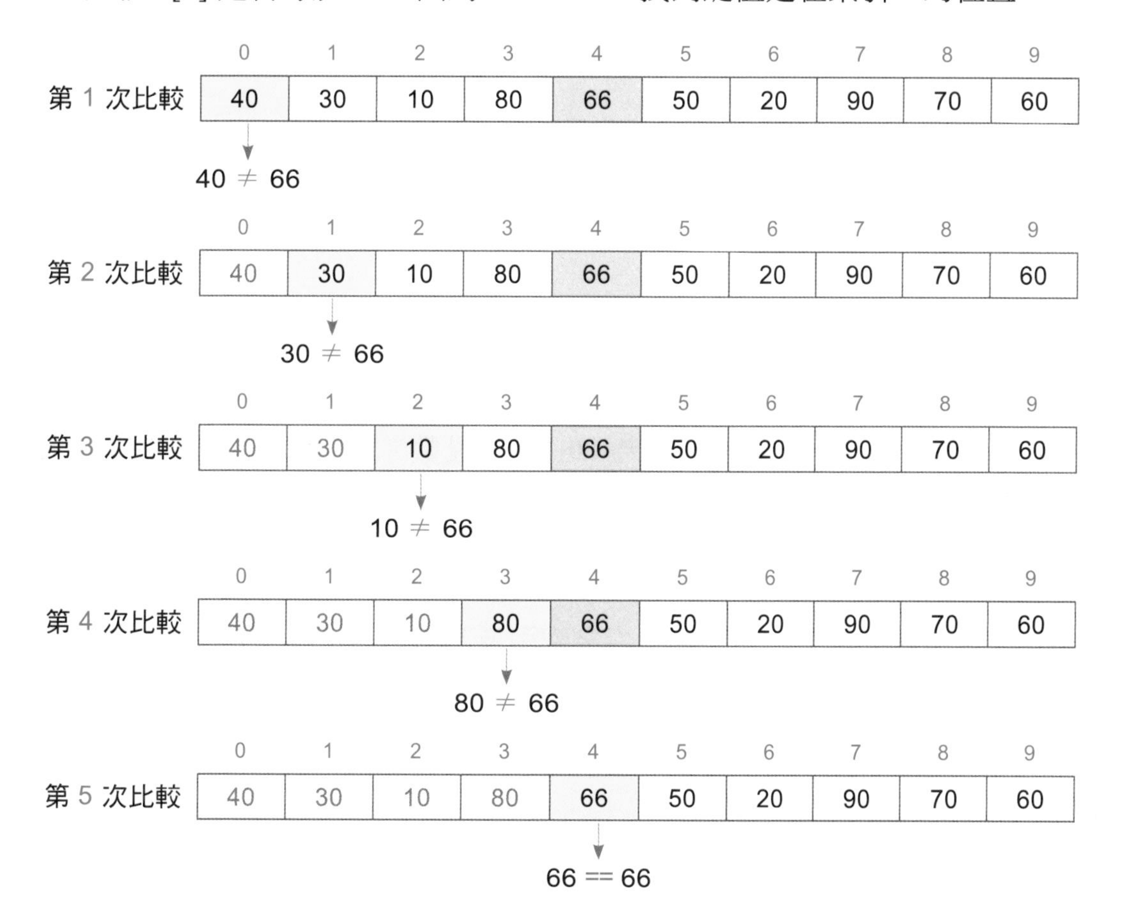

循序搜尋可使用 for 迴圈完成，從第 0 個元素搜尋到第 n-1 個元素，所以 i = 0~n-1。

搜尋到的索引值可用變數 loc 來記錄。一開始未搜尋到鍵值，所以初始值可設為 loc = -1；搜尋到鍵值時，將陣列索引 i 指定給 loc，跳離迴圈，停止搜尋。

最後若 loc != -1，表示搜尋到資料，輸出 loc 的值，否則輸出沒搜尋到鍵值。程式虛擬碼可設計如下

```
loc = -1;          // loc 是搜尋到的索引值，-1 表示未搜尋到
for (i = 0; i < n; i++)
   if (a[i] == key) {
      loc = i;
      跳離迴圈；
   }
if (loc != -1)
   輸出 loc;
else
   輸出沒搜尋到鍵值；
```

範例 6.2.3 循序搜尋

有一陣列大小為 8，元素初始值為 20~30 的亂數。寫一程式，能讓使用者輸入鍵值，使用循序搜尋法，搜尋此鍵值在陣列的位置。

輸入：搜尋的鍵值

輸出：若搜尋到鍵值，輸出此元素之索引及其值，若搜尋不到，則輸出沒搜尋到。

解題方法

1. 宣告一整數變數 loc，代表搜尋到之元素的索引，其初始值設為 -1，表示預設未搜尋到鍵值。
2. 使用前面介紹過的方法，產生 20~30 之亂數為 20 + rand ( ) % 11

   所以可使用 for 迴圈初始化陣列元素 a[i] = rand( ) % 11 + 20。
3. 使用 for 迴圈一一搜尋鍵值 key，若元素值等於鍵值，則將此元素之索引指定給 loc，並跳離迴圈。
4. 若搜尋到，則輸出此元素之索引及其值，若搜尋不到，則輸出沒搜尋到。

```
1  #include <iostream>
2  #include <cstdlib>
3  #include <ctime>
4  using namespace std;
5  int main()
6  {
7     int n = 8, i, key, loc = -1;
8     int a[n] ;
9     srand(time(NULL));
10    for (i = 0; i < n; ++i )
11    {
12       a[ i ] = rand( ) % 11 + 20;
13       cout << "a[" << i << "] = " << a[i] << "\t";
14    }
15    cout << endl;
16    cout << " 輸入欲搜尋的整數 ";
17    cin >> key;
18    for (i = 0; i < n; ++i )
19       if (a[ i ] == key)
20       {
```

可改用 #include <bits/stdc++.h>（行 1–3）

產生亂數種子（行 9）

將 20~30 的亂數指定給每個陣列元素（行 12）

輸出陣列元素（行 13）

輸入鍵值（行 17）

使用 for 迴圈一一搜尋陣列元素（行 18）

若 a[i] 等於鍵值（行 19）

```
21              loc = i;                                    將索引 i 指定給變數 loc
22              break;                                      跳離迴圈
23          }
24      if (loc != -1)                                      若 loc 不等於 -1，表示找到鍵值
25          cout << "a[ " << loc << " ] = " << key << endl;
26      else                                                輸出陣列元素
27          cout << "沒搜尋到" << key << endl;
28      return 0;
29  }
```

執行結果

```
a[0] = 25 a[1] = 22 a[2] = 23 a[3] = 30 a[4] = 29
a[5] = 21 a[6] = 25 a[7] = 30
輸入欲搜尋的整數 29
a[ 4 ] = 29
```

程式說明

◆ 第 18 - 23 行

key = 29，如下表，i = 0 時，a[0] = 25 != key，所以執行 ++i。i = 1，a[1] = 22 != key，所以執行 ++i。依此類推，直到 i = 4 時，a[4] = 29 == key，所以執行第 21 行 loc = i = 4，表示在索引 4 的位置找到資料。再執行第 22 行 break，跳離迴圈，繼續從第 24 行往下執行。

① i = 0	② i = 1	③ i = 2	④ i = 3	⑤ i = 4			
a[0]	a[1]	a[2]	a[3]	a[4]	a[5]	a[6]	a[7]
25	22	23	30	29	21	25	30

◆ 第 24 行

loc 等於 4，不等於 -1，所以 if 的條件式成立，執行第 25 行，輸出陣列資料與鍵值。

6.2.4 二分搜尋

二分搜尋 (binary search) 是另一種資料搜尋法，循序搜尋不需先排序好資料，但二分搜尋則需先將資料排序好。

二分搜尋的原理是將鍵值和中間位置的資料比較，鍵值較小，則往前半部搜尋；鍵值較大，則往後半部搜尋，直到搜尋到資料，或沒有資料可以搜尋為止。

例如：陣列 a[ ] = {0, 2, 4, 6, 8, 10, 12, 14}，搜尋鍵值 8 的步驟如下：

1. 設定左邊界 low = 0 和右邊界 high = 7
中間位置 mid = (low + high) / 2 = 3。a[3] = 6 < 8，所以往後半部搜尋。

	low ↓			mid ↓				high ↓
索引	0	1	2	3	4	5	6	7
元素	0	2	4	6	8	10	12	14
				< 8				

2. 左邊界 low = mid + 1 = 4，mid = (low + high) / 2 = 5。a[5] = 10 > 8，所以往前半部搜尋。

					low ↓	mid ↓		high ↓
索引	0	1	2	3	4	5	6	7
元素	0	2	4	6	8	10	12	14
						> 8		

3. 右邊界 high = mid - 1 = 4，mid = (low + high) / 2 = 4。a[4] = 8，所以搜尋到鍵值 8。

					low = high =mid ↓			
索引	0	1	2	3	4	5	6	7
元素	0	2	4	6	8	10	12	14
					== 8			

範例 6.2.4 二分搜尋

有一陣列之初使值為 {0, 2, 4, 6, 8, 10, 12, 14}，寫一程式，使用二分搜尋，分別搜尋鍵值 8 和 15 的索引值。

解題方法

1. 設定左邊界 low 與右邊界 high。取 mid = (low + high) / 2。
2. 若 a[mid] == key，則表示搜尋到資料，跳離迴圈，停止搜尋。
3. 若 a[mid] > key，表示鍵值可能在前半部，所以 high = mid - 1。
4. 若 a[mid] < key，表示鍵值可能在後半部，所以 low = mid + 1。
5. 若 low <= high，繼續執行步驟 2，否則 (low > high) 回傳找不到鍵值。

```
 1  #include <iostream>
 2  using namespace std;
 3
 4  int main()
 5  {
 6     int n = 8, a[n]={0, 2, 4, 6, 8, 10, 12, 14};
 7     int low = 0, high = n - 1, mid;
 8     int key = 8;
 9     while (low <= high) {          // 左邊界 <= 右邊界時，反複搜尋資料，直到 low > high
10        mid = (low + high) / 2;     // 設定中間位置的索引值 mid
11        if (a[mid] == key){         // 搜尋到資料
12           cout << "鍵值" << key << "在索引" << mid;
13           break;                   // 跳離迴圈，停止搜尋
14        }
15        else if (a[mid] < key)      // 鍵值大於中間位置的值，表示鍵值在後半部，左邊界設為中間值 mid + 1
16           low = mid + 1;
```

```
17          else
18             high = mid - 1;
19       }
20       if (low > high)
21          cout << "找不到鍵值" << key;
22       return 0;
23   }
```

鍵值小於中間位置的值，表示鍵值在前半部，右邊界設為中間值 mid - 1

左邊界大於右邊界時，表示找不到資料

執行結果

```
鍵值 8 在索引 4

找不到鍵值 15
```

動動腦

以下陣列資料何者無法直接使用二分搜尋法搜尋？

(A) a, e, i, o, u

(B) 3, 5, 9, 7, 1

(C) 100, 0, -10, -20

(D) -1.2, 0.9, 1.1, 10, 11.5

6.2.5 氣泡排序

資料排序的方法有很多種，氣泡排序（bubble sort）是基本排序法之一，其原理是

> 反複走訪陣列元素，比較相鄰的兩個資料，若前者大於後者，則交換此兩資料。

以下以陣列 a {40, 30, 10, 80, 20, 50, 70, 60} 為實例，若要將陣列元素由小到大排序，說明氣泡排序的過程。

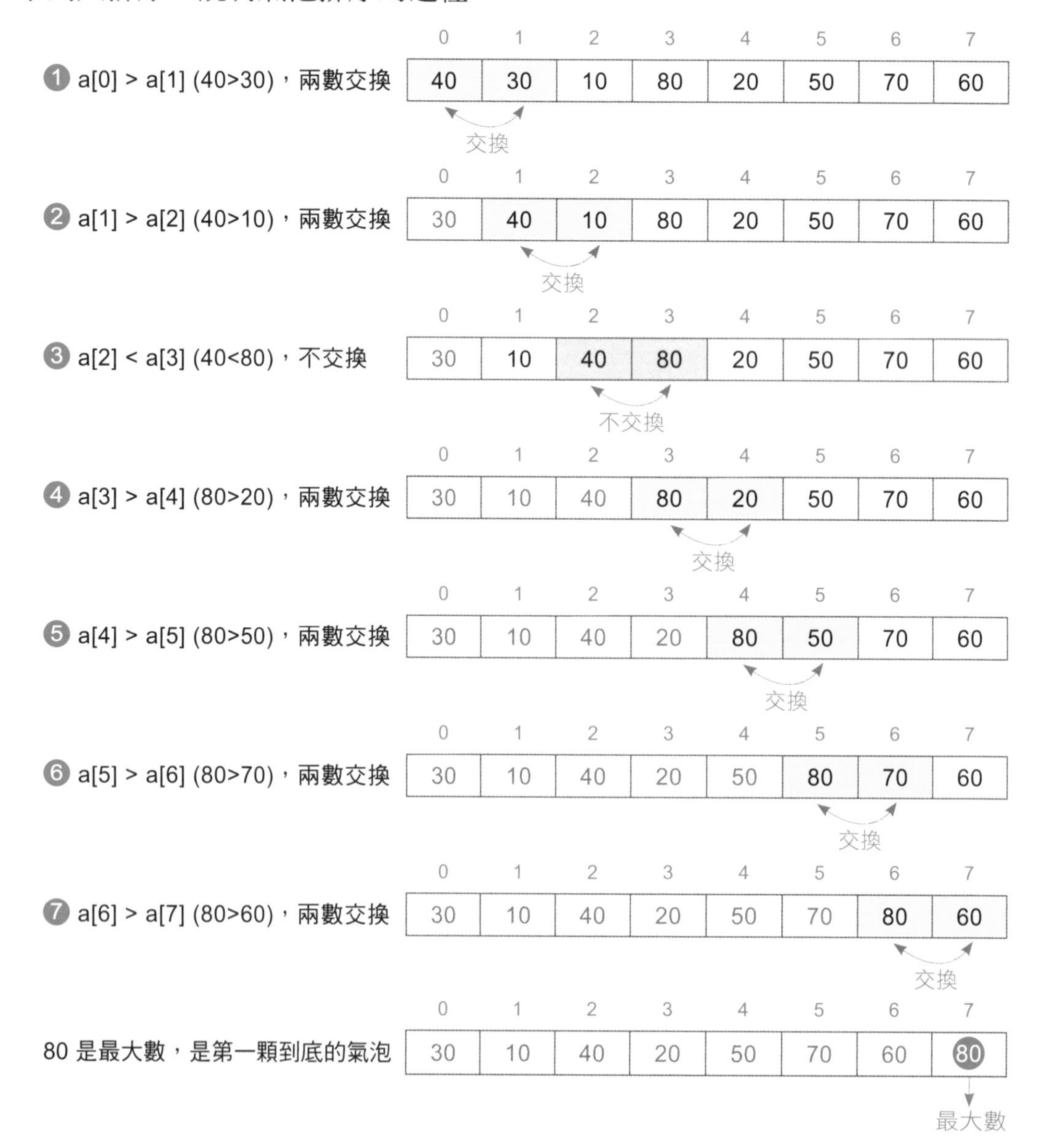

從上述的排序過程中，可以推知

1. 第 1 次循環後，最大數 80 會由索引 3 移到索引 7，被定位完成。
2. 第 2 次循環後，次大數 70 會由索引 5 移到索引 6，被定位完成。
3. 第 3 次循環後，第三大數 60 會在索引 5 被定位完成。

每次循環後，尚未定位之元素的最大者會被移到最後，定位完成。較小者則會逐漸往陣列前端移動，就像氣泡慢慢從底部浮出，因此稱為氣泡排序法。

因為最後一個數不需再排序，所以 n 筆資料，經過 n - 1 次排序循環，可完成排序。如上例，8 筆資料，經過 7 次循環後，可完成排序。因此氣泡排序的部分程式虛擬碼可設計為

```
for (i = 1; i < n; i++)
    第 i 次排序循環;
```

執行第 i 次排序循環時，前面已執行完 i - 1 次循環，所以有 i - 1 個元素已被定位好，未被定位好的元素則有 n - i + 1 個，需比較 n - i 次。如上例，共有 8 筆資料，第 1 次循環比較 7 (8 - 1) 次，第 2 次循環比較 6 (8 - 2) 次，所以第 i 次排序循環的重複結構可以設計成

```
for ( j = 0; j < n - i; j++)
    若前數 > 後數，則交換兩數
```

此選擇結構的虛擬碼可設計為

```
if (a[j] > a[j + 1])
    交換兩數;
```

因此氣泡排序的演算法可設計如下

```
for (i = 1; i < n; i++)
    for ( j = 0; j < n - i; j++)
        if (a[j] > a[j + 1])
            交換兩數;
```

範例 6.2.5 氣泡排序

使用氣泡排序將一陣列資料由小至大排好，並輸出每次循環的元素值。

```
1  #include <iostream>
2  using namespace std;
3  int main()
4  {
5      int n = 6;
6      int a[ n ] = {3, 5, 2, 1, 6, 4};
7      int temp, i, j, k;
8      for(i = 1; i < n; i++) {
9          for(k = 0; k < n; k++)
10             cout << a[k] << "\t";        // 輸出每次排序循環的元素值
11         cout << endl;
12         for(j = 0; j < n - i; j++) {     // 拜訪每個尚未排序好的元素
13             if(a[j] > a[j + 1])          // 若前數大於後數
14                 swap(a[j], a[j + 1]);    // 交換 a[j] 和 a[j + 1] 兩數
15         }
16     }
17     return 0;
18 }
```

執行結果

```
3   5   2   1   6   4
3   2   1   5   4   ⑥
2   1   3   4   ⑤   6
1   2   3   ④   5   6
1   2   ③   4   5   6
1   ②   3   4   5   6
```

n 筆資料排序時，第 1 次循環需比較 n - 1 次，第 2 次循環需比較 n - 2 次，依此類推，最後 1 次循環需比較 1 次，因此總比較次數為

$$(n - 1) + (n - 2) + (n - 3) + \cdots + 2 + 1 = n (n - 1) / 2$$

氣泡排序的其他幾種寫法如下，第一種是最簡單的寫法，定位好的元素仍會繼續比較，所以比較次數較上例增加 1 倍。

```
for (i = 0; i < n - 1; i++)
    for ( j = 0; j < n - 1; j++)
        if (a[j] > a[j + 1])
```

```
for (i = 0; i < n - 1; i++)
    for ( j = 0; j < n - 1 - i; j++)
        if (a[j] > a[j + 1])
```

```
for (i = 0; i < n - 1; i++)
    for (j = n - 1; j > i; j--)
        if (a[j - 1] > a[j])
```

```
for (i = 0; i < n; i++)
    for (j = i + 1; j < n; j++)
        if (a[j] < a[i])
```

實際上陣列排序可利用一個內建函數 sort 即可，例如：

```
int n = 8, a[n] = {2, 3, 5, 8, 1, 6, 7, 4};
```

使用以下列指令，就可完成排序。使用 sort 函數，需先引入標頭檔 <algorithm>。

```
sort(a, a + n); // 對給定區間 a 到 a + n 的所有元素進行排序
```

同樣地，陣列的反轉（範例 6.2.2）也可以使用 reverse(a, a + n)。

6.3 二維陣列與多維陣列

6.3.1 二維陣列的宣告

如下圖，多個相同資料型態的變數，可組成一維陣列；同樣地，多個相同型態與大小的一維陣列，也可組成二維陣列（two-dimensional array）。

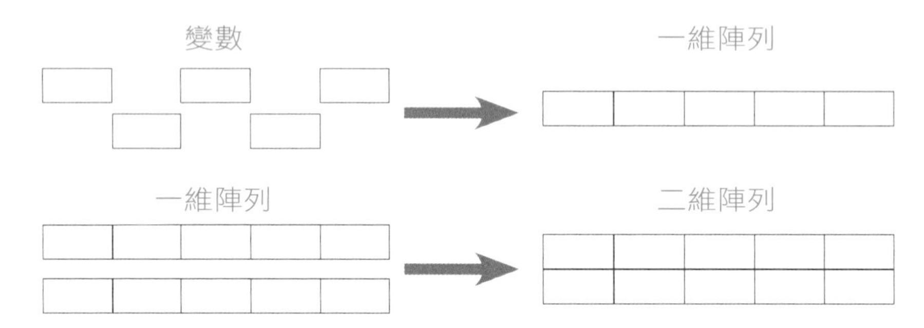

例如：下表是某 6 位同學 5 學科的成績，可使用 6 個一維陣列 a~f，每個陣列有 5 個元素，來儲存每位學生的各科成績。例如：陣列 a 存 1 號的成績，陣列 b 存 2 號的成績，依此類推，陣列 f 存 6 號的成績。

	國文	英文	數學	自然	社會
1	86	92	57	81	65
2	96	98	81	67	74
3	91	73	92	78	67
4	68	88	90	89	78
5	87	96	70	62	68
6	84	75	94	80	90

這些資料若使用一維陣列來表示，處理起來會較複雜。上例的表格式資料共有 30（6×5）筆成績，成績都是整數，具有相同資料型態，所以可使用二維陣列來表示。表格式資料使用二維陣列表示，可以使用 for 雙重迴圈處理，非常方便。

前面介紹過的陣列，都是一維陣列，只使用一個索引；二維陣列類似數學的矩陣，使用兩個索引。宣告的格式如下

```
資料型態 陣列名稱 [ 列的大小 ] [ 行的大小 ];
```

如上例，可用學生的座號為列索引，各科代碼為行索引，來存放成績。所以宣告一個 6×5 的整數二維陣列 a，包含 6 列（row）5 行（column）資料。

此二維陣列每個元素的相對位置如下圖，陣列 a 可以看成是由 a[0], a[1], a[2], a[3], a[4], a[5] 六個大小為 5 的一維陣列所組成的。

		行 0	行 1	行 2	行 3	行 4
列 0	a[0]	a[0][0]	a[0][1]	a[0][2]	a[0][3]	a[0][4]
列 1	a[1]	a[1][0]	a[1][1]	a[1][2]	a[1][3]	a[1][4]
列 2	a[2]	a[2][0]	a[2][1]	a[2][2]	a[2][3]	a[2][4]
列 3	a[3]	a[3][0]	a[3][1]	a[3][2]	a[3][3]	a[3][4]
列 4	a[4]	a[4][0]	a[4][1]	a[4][2]	a[4][3]	a[4][4]
列 5	a[5]	a[5][0]	a[5][1]	a[5][2]	a[5][3]	a[5][4]

二維陣列可使用陣列名稱及行列兩個索引存取陣列元素，例如：一個 m×n（m 列 n 行）的二維陣列，第 i 列第 j 行的元素是 a[i-1][j-1]，其中 i 的範圍是 0~m - 1，j 是 0~n - 1。

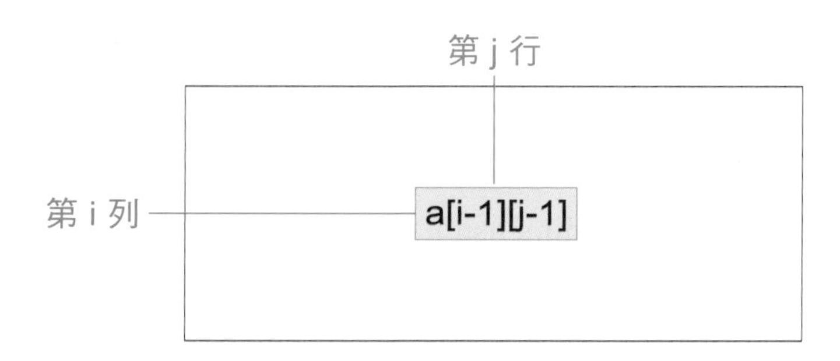

直覺上二維陣列是採用二維的方式排列，但編譯時，編譯器會提供連續的記憶體位置，來儲存陣列元素。以一個 3×4 的二維陣列為例，編譯器會用 12 個連續的位置來存放元素。存放的順序是先存放第一列的元素，再存放第二列的元素，依此類推。所以實際上是一列接一列存放在記憶體中，如下圖，因此二維陣列本質上仍是一維陣列。

上例中，陣列 a 每列的最後一個元素會接到下一列的第一個元素，例如：a[0][3] 後面是 a[1][0]；a[1][3] 後面是 a[2][0]。因為陣列每列有 4 個元素，所以每列的第一個元素和下一列的第一個元素相距 4 個位移量。

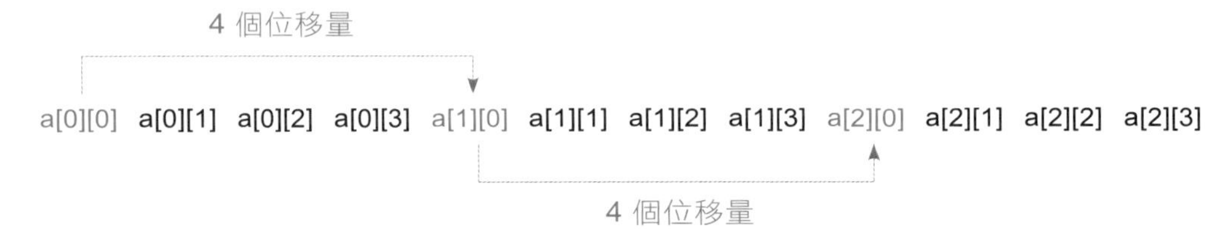

例如：要儲存 100 位學生 3 個科目的成績，可宣告一個二維陣列 score

```
int score[100][3];
```

第 1 位學生的 3 科成績為 score[0][0], score[0][1], score[0][2]
第 2 位學生的 3 科成績為 score[1][0], score[1][1], score[1][2]
……
第 i 位學生的 3 科成績為 score[i-1][0], score[i-1][1], score[i-1][2]
……
第 n 位學生的 3 科成績為 score[n-1][0], score[n-1][1], score[n-1][2]

陣列的維度可以是一維或二維，也可以是三維、四維或以上。二維以上的陣列均屬多維陣列（multi-dimensional array）。陣列每增加一維，所需的記憶體空間會呈指數成長，應謹慎使用，避免記憶體空間不足。

多維陣列僅是一個抽象的概念，實際上使用簡單的陣列，也可以達到多維陣列的功能，例如：下面兩個陣列的功能是相同的，因此實務上，很少會用到三維以上的陣列。

```
int a[3][4];
int a[12];
```

6.3.2 二維陣列的初始化

二維陣列初始化和一維陣列類似，常用的有下列幾種方式：

1. 分列給予二維陣列初始值。例如：

```
int a[3][4] = {{1,2,3,4}, {5,6,7,8}, {9,10,11,12}};
```

row 0 a[0][]　　row 1 a[1][]　　row 2 a[2][]

2. 將所有初始值放在大括弧內，依陣列排列的順序對應各元素初始值。例如：

```
int a[3][4] = { 1, 2, 3, 4, 5, 6, 7, 8, 9, 10, 11, 12 };
```

3. 給予一部分元素初始值，未設定初始值的元素會被設為 0。例如：

```
int a[3][4]={{1}, {5}, {9}};
// 等同 {{1, 0, 0, 0}, {5, 0, 0, 0}, {9, 0, 0, 0}}
```

表示陣列的初始值為

1	0	0	0
5	0	0	0
9	0	0	0

二維陣列初始化時，可省略列或行的大小，但不能同時省略行列的大小，因為編譯器會無法確定陣列的形式，如下例中，第 1, 2 個敘述是合法的，因為編譯器會根據元素數，算出陣列大小是 3×4，但第 3 個敘述則是不合法的，因為無法確定陣列屬於那一種型式，1×12、12×1、2×6、3×4 等都有可能。

```
int a[][4] = { 1, 2, 3, 4, 5, 6, 7, 8, 9, 10, 11, 12 };
int a[3][] = { 1, 2, 3, 4, 5, 6, 7, 8, 9, 10, 11, 12 };
int a[][] = { 1, 2, 3, 4, 5, 6, 7, 8, 9, 10, 11, 12 };
```

錯，因為無法確定是 1×12, 2×6, 3×4 那一種陣列

6.4 二維陣列的應用

二維陣列常搭配 for 雙重迴圈使用，外層迴圈控制陣列中列的索引，內層迴圈控制行的索引。二維陣列應用的實例很多，下面列舉幾個來說明。

範例 6.4 二維陣列的計算

計算並輸出每位學生 5 科成績的平均。

```
1  #include <iostream>
2  using namespace std;
3  int main()
4  {
5      int stud = 6, subject = 5;
6      int score[stud][subject + 1] =
7      {  {86,92,57,81,65}, {96,98,81,67,74}, {91,73,92,78,67},
8         {68,88,90,89,78}, {87,96,70,62,68}, {84,75,94,80,90}};
9      for (int i = 0; i < stud; i++) {
10         for (int j = 0; j < subject; j++){
11             cout << score[i][j] << "\t";
12             score[i][subject] += score[i][j];
13         }
14         cout << (float)score[i][subject] / subject << endl;
15     }
16
17     return 0;
18 }
```

+1 是讓每位學生多一個欄位，用來存放成績的平均

計算一位學生的總分，並先將總分存放在多出的欄位中

將欄位內的總分 / 科目，就可得到平均，注意需將成績強制轉換成浮點數

執行結果

```
86   92      57       81       65       76.2
96   98      81       67       74       83.2
91   73      92       78       67       80.2
68   88      90       89       78       82.6
87   96      70       62       68       76.6
84   75      94       80       90       84.6
```

範例 6.4-2 巴斯卡三角形

左下圖是巴斯卡 (Pascal) 三角形，它的第 1 列是兩個 1，之後每列的第 1 個數是 1，接下來的數字等於「左上加右上」，最後 1 個數是 1。

右下圖是使用二維陣列，來表示巴斯卡三角形。寫一程式，能輸出一個 n 層，且如右下圖的巴斯卡三角。

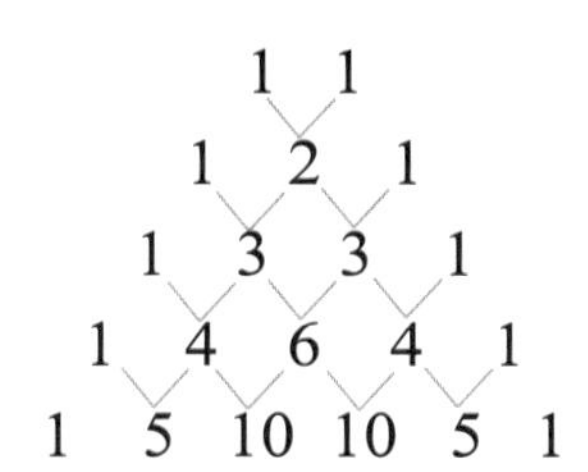

1	1				
1	2	1			
1	3	3	1		
1	4	6	4	1	
1	5	10	10	5	1

解題方法

1. 從上圖可知，6 層的巴斯卡三角形可用一個 6×7 的陣列來存放，所以宣告一個整數陣列 p，其元素初始值設為 0。

   int n, p[n][n + 1] = { };

2. 第 1 列是兩個 1，所以 p[0][0] = p[0][1] = 1。

3. 使用 for 雙重迴圈產生第 2 列以後的數字。外層迴圈 i = 1~n-1，內層迴圈 j = 0~i + 1。

4. 因為每列的第 1 個數是 1，所以 p[i][0] = 1。

5. 如下圖，第 2 個以後的數字是上一列同一欄元素與前一個元素的和，所以 p[i][j] = p[i-1][j-1] + p[i-1][j]。

p[i-1][j-1]	p[i-1][j]
	p[i][j]

6. 最後輸出陣列 p 內非 0 的元素，即可輸出巴斯卡三角形。

```
 1  #include <iostream>
 2  #include <iomanip>                         使用 setw 函數，需引入此標頭檔
 3  using namespace std;
 4  int main() {
 5     int i, j, n;
 6     cin >> n;
 7     int p[n][n + 1] ={};                    將二維陣列 p 的初始值設為 0
 8     p[0][0] = p[0][1] = 1;                  將第 1 列的兩個元素設為 1
 9     for (i = 1; i < n; i++){
10        p[i][0] = 1;                         每列的第 1 個元素設為 1
11        for (j = 1; j < i + 1; j++)
12           p[i][j] = p[i-1][j-1] + p[i-1][j];   每列第 2 個以後的數字 = 上一列同欄的數及其前一個數的和
10        p[i][j] = 1;
13     }
14
15     for (i = 0; i < n; i++){
16        for (j = 0; j < n + 1; j++)
17           if (p[i][j] != 0)                 列印二維陣列的值
18              cout << setw(4) << p[i][j];
19        cout << endl;                        將字元欄位的寬度設為 4
20     }
21     return 0;
22  }
```

執行結果

```
7
   1   1
   1   2   1
   1   3   3   1
   1   4   6   4   1
   1   5  10  10   5   1
   1   6  15  20  15   6   1
   1   7  21  35  35  21   7   1
```

動動腦

1. 若要在巴斯卡三角形每列的最右方增加一欄，輸出此列所有數字的總和，程式要如何改寫。動手寫看看，並觀察每列的總和有何規律性。
2. 若此範例改成「輸出如下圖的巴斯卡三角形」，程式要如何改寫。

```
                  1
               1     1
            1     2     1
         1     3     3     1
      1     4     6     4     1
   1     5    10    10     5     1
1     6    15    20    15     6     1
```

6.5 向量（vector）

前面介紹過的陣列屬於靜態陣列，宣告時要先指定陣列的大小，例如：int a[100]。若宣告的陣列太大，會浪費記憶體空間，甚至造成空間不足，程式無法執行。所以陣列最好用多少，才動態配置多大。

向量 vector 是 C++ 動態配置陣列大小的方法，所以 vector 是動態陣列，讓設計者不必預先配置陣列大小，改由系統動態配置。若程式需用到超大陣列，也可使用 vector 來處理。

vector 是 C++ STL (standard template library，標準樣板庫) 的一個類別 (class)，使用方法如下：

1. 需預先引入標頭檔 #include <vector>

2. 宣告格式如下，其中 <> 內是此陣列的資料型態，如 int, char, string 等。

```
vector< 資料型態 > 變數名稱 ;
```

例如：

(1) 宣告一個整數 vector v

```
vector<int> v;
```

陣列 v 尚未配置記憶體，所以不能使用 v[0] = 0, v[1] = 1 等方式來設定元素值，而是要用 push_back 配置記憶體，並新增元素至 v 的尾端。例如：

```
push_back(0);
push_back(1);
push_back(2);
```

(2) 宣告一個 vector v，有 5 個元素。

```
vector<int> v(5);
```

指定陣列 v 的大小為 5，所有元素預設值為 0。與靜態陣列不同的是，v(5) 要使用小括號，不要使用 v[5]。若要將所有元素預設值設為 1，語法如下：

```
vector<int> v(5, 1);
```

(3) 宣告並初始化一個整數 vector v，有 3 個元素，初始值為 1, 2, 3。

```
vector<int> v = {1, 2, 3};        // 編譯器需要支援 C++11
```

3. 常用的操作如下：

存取索引為 i 的元素	v[i] 或 v.at(i)
新增元素至的尾端	v.push_back()
檢查是否為空	v.empty()
取得元素個數	v.size()
指向第一個元素	v.begin()
指向最後一個元素的下一個位置	v.end()

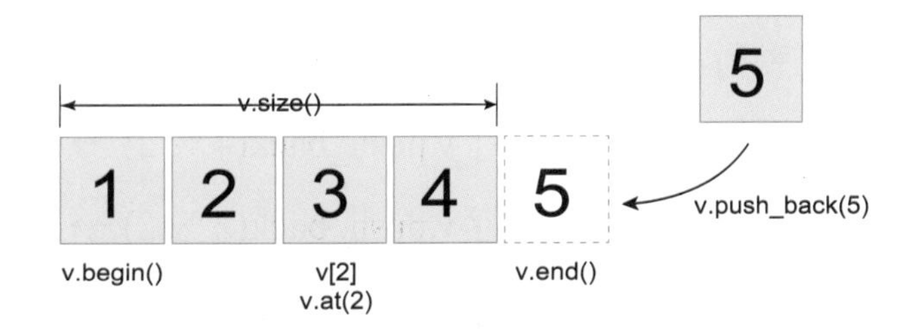

(1) 輸出陣列所有元素

```
for(i = 0; i < v.size(); i++)
      cout << v[i] <<" ";        // v[i] 也可使用 v.at(i)
cout << endl;
```

(2) 排序與陣列反轉，需預先引入標頭檔 #include <algorithm>。

```
sort(v.begin(), v.end());           // 陣列反轉
reverse(v.begin(), v.end());        // 陣列排序
```

範例 6.5 十進位轉二進位

寫一程式，讓使用者輸入一個正整數後，使用 vector，將此數轉換為二進位數。

解題方法

1. 分析問題，解題演算法可設計如下：

(1) 讀取輸入的正整數 n，為能處理更大整數，將 n 宣告為 long long。

(2) 宣告一個動態整數陣列 v

(3) 當 n 大於 0 時，將 n % 2 的值新增至 v 的尾端。

(4) n 值更新為原來的 n 值 / 2

(5) 重複步驟 (3)，直到 n <= 0。

(6) 因為 push_back 到陣列的值跟二進位數剛好相反，所以需從陣列最後往第一個元素輸出。

2. 若 n = 8，演算法執行過程如下：

(1) n = 8，n > 0，執行 v.push_back(8 % 2) → v.push_back(0)

(2) n = n / 2 = 8 / 2 = 4，n > 0，執行 v.push_back(4 % 2) → v.push_back(0)

(3) n = n / 2 = 4 / 2 = 2，n > 0，執行 v.push_back(2 % 2) → v.push_back(0)

(4) n = 2 / 2 = 2 / 2 = 1，n > 0，執行 v.push_back(1 % 2) → v.push_back(1)

(5) n = n / 2 = 1 / 2 = 0，結束迴圈。

(6) 陣列 v 的值如下，所以需反向輸出元素值 1000。

索引	0	1	2	3
元素值	0	0	0	1

3. 其他進位的轉換也可使用類似的演算法處理，如 8 進位、16 進位。

```
 1 #include <iostream>
 2 #include <vector>                          引入標頭檔 <vector>
 3 using namespace std;
 4
 5 int main()
 6 {
 7     long long n;
 8      vector<int> v;
 9
10      cin >> n;
11      while (n > 0){                         當 n 大於 0 時
12          v.push_back(n % 2);                將 n % 2 的值新增至 v 的尾端
13          n /= 2;                            n 值更新為原來 n 值 / 2
14      }
15
16     for(int i = v.size() - 1; i >= 0; i--)
17        cout << v[i];
18
19     return 0;
20 }
```

執行結果

```
36                     987654321
100100                 111010110111100110100010110001
```

6.6 APCS 實作題 — 陣列

範例 6.6 成績指標 (201603 APCS 第 1 題)

設計一程式，讀入全班成績後，對成績排序，並找最高不及格分數，和最低及格分數。若找不到最低及格分數，印出 worst case；找不到最高不及格分數，印出 best case。

輸入：第一行輸入學生人數，第二行為學生成績 (0 ~ 100)，成績間以一個空白間格。每一筆測資的學生人數為 1 ~ 20 的整數。

輸出：共三行。第一行由小而大印出所有成績，成績間以一個空白間格，最後一個數字後無空白；第二行印出最高不及格分數，若全數及格，於此行印出 best case；第三行印出最低及格分數，若全數不及格時，印出 worst case。

範例一：輸入
```
10
0 11 22 33 55 66 77 99 88 44
```

範例一：正確輸出
```
0 11 22 33 44 55 66 77 88 99
55
66
```

範例二：輸入
```
1
13
```

範例二：正確輸出
```
13
13
worst case
```

範例三：輸入
```
2
73 65
```

範例三：正確輸出
```
65 73
best case
65
```

解題方法

1. 分析問題，解題演算法可設計如下

```
讀入學生人數 n;
重複 n 次 {
        讀入一位學生成績 ;
        if ( 成績及格 且 成績 < 最低及格分數 )
                最低及格分數 = 成績 ;
        else if ( 成績不及格 且 成績 > 最高不及格分數 )
                最高不及格分數  = 成績 ;
```

```
  }
成績排序；
輸出每一位學生成績；
判斷是否是 best case;
判斷是否是 worst case;
```

2. 成績可存放在陣列，所以讀入學生人數 n 後，再宣告一個大小為 n 的陣列 a，用來存放學生成績，敘述如下表左欄。

正 確	錯 誤
cin >> n; int a[n];	int a[n]; cin >> n;

上表的程式會逐行執行，左欄先執行 cin >> n，待使用者輸入 n 值後，再執行下一行 int a[n]，此時已知 n 值的大小，所以編譯器能配置適當大小的空間給陣列 a，因此程式可正確執行。

但右欄先執行 int a[n]，此時並不知 n 值大小，所以編譯器並不知要配置多大空間給陣列 a，因此會造成程式錯誤，這是很多初學者常犯的錯誤，請注意。

3. 宣告好陣列 a 後，可使用迴圈，將成績讀入陣列內。演算法內的迴圈可設計如下：

```
for (i = 0; i < n; i++) {
    cin >> a[i];
    …………
}
```

4. 若最低及格分數是 u，最高不及格分數是 b，讀入成績 (a[i]) 後，若成績及格 (a[i] >= 60)，且比最低及格分數 u 還低 (a[i] < u)，也就是

```
if (a[i] >= 60 && a[i] < u)
```

成立，就要將最低及格分數 u 設為讀入的成績，也就是 u = a[i]；。

同理，若成績不及格 (s[i] < 60)，且比最高不及格分數 b 還高 (a[i] > b)，也就是

```
if (a[i] < 60 && b < a[i])
```

成立，就要將最高不及格分數 b 設為讀入的成績，也就是 b = a[i]。

5. 演算法的成績排序可使用 sort(a, a + n);，輸出每一位學生成績則可使用 for 迴圈，一一輸出 a[i] 的值。

6. 若學生全數及格，b 就不會被改變；若全數不及格，u 就不會被改變。成績介於 0 ~ 100，所以可將 u 預設為 101，b 預設為 -1，程式執行後，若 b == -1，表示 b 沒被改變，全數及格，就輸出 best case；同理，若 u = 101，表示 u 沒被改變，全數不及格，就輸出 worst case。

```
 1 #include <iostream>
 2 #include <algorithm>
 3 using namespace std;
 4
 5 int main() {
 6     int n, i, u = 101, b = -1;
 7
 8     cin >> n;
 9     int a[n];
10
11     for (i = 0; i < n; i++){
12         cin >> a[i];
13         if (a[i] >= 60 && u > a[i])
14             u = a[i];
15         if (a[i] < 60 && b < a[i])
```

可替代為 #include <bits/stdc++.h>（第 1–2 行）

最低及格分數 u，預設為 101；最高不及格分數 b，預設為 -1（第 6 行）

輸入學生數 n 後，再宣告陣列 a（第 8–9 行）

若成績及格，且比最低及格分數 u 還低（第 13 行）

若成績不及格，且比最高不及格分數 b 還高（第 15 行）

```
16              b = a[i];
17      }
18
19      sort(a, a + n);                    成績排序
20
21      cout << a[0];                      先輸出第一位學生成績，再使用迴
22      for (i = 1; i < n; i++)            圈輸出空白和其他學生成績，這樣
23          cout << " " << a[i];           最後一個數字後就不會有空白
24      cout << endl;
25
26      if (b == -1)                       表示 b 沒被改變，全數及格
27         cout << "best case" << endl;
28      else
29         cout << b << endl;
30      if (u == 101)                      表示 u 沒被改變，全數不及格
31         cout << "worst case" << endl;
32      else
33         cout << u << endl;
34
35      return 0;
36 }
```

執行結果

```
2                  5                  6
60 59              57 78 38 76 22     90 85 88 82 80 95
59 60              22 38 57 76 78     80 82 85 88 90 95
59                 57                 best case
60                 76                 80
```

學習挑戰

一、選擇題

1. (　　) 陣列 a[5][2] 共有幾個元素？

　(A) 10　(B) 12　(C) 15　(D) 18

2. (　　) 宣告 int a[6] 時，此陣列會用多少 bytes 的記憶體空間？

　(A) 28　(B) 6　(C) 24　(D) 14

3. (　　) 函數中執行 int a[100] = { 0 }; 後，a[100] 為何？

　(A) 100　(B) 1　(C) 0　(D) 無法預期

4. (　　) 執行下列敘述後，b 值為？

```
int a[10] = {1, 2, 3, 4, 5, 6, 7, 8, 9, 0}, b, i = 0;
b = a[i + 2] + a[a[i]];
```

　(A) 3　(B) 5　(C) 7　(D) 11

5. (　　) 有 10 筆資料，使用循序搜尋法搜尋，最壞情形下，要比較幾次？

　(A) 0　(B) 5　(C) 10　(D) 11

6. (　　) 執行下列程式片段後，a[3] 的值為何？

```
a[0] = 5;
for (i = 1; i < 6; i++) {
  a[i] = i * i + 5;
  if (i > 2) a[i] = a[i] - a[i - 1];
}
```

　(A) 6　(B) 5　(C) 1　(D) 0

7. (　　) 陣列 a[5][4] 中，a[0][3] 後面是那一個元素？

　(A) a[0][4]　(B) a[1][3]　(C) a[1][4]　(D) a[1][0]

8. (　　) 若 int a[3][4]={{1, 2, 3}, {5, 6}, {9, 0}}，則 a[1][1] =

(A) 6　　(B) 5　　(C) 1　　(D) 0

9. (　　) 若陣列 arr[10]，sum = 0，執行下列程式碼後，sum 的值為？

```
for (i = 0; i < 10; i++)
  arr[i] = i;
for (i =1; 1 < 9; i++)
  sum = sum - arr[i - 1] + arr[i] + arr[i + 1];
```

(A) 44　　(B) 52　　(C) 54　　(D) 63

10. (　　) 陣列 a[10] = {1, 3, 9, 2, 5, 8, 4, 9, 6, 7 }，若 index = 0，執行下列程式碼後，index 的值為？

```
for (i = 1; i <= 9; i++)
  if (a[i] >= a[index])
    index = i;
```

(A) 1　　(B) 2　　(C) 7　　(D) 9

11. (　　) 若 a[0] = 0，執行下列程式碼後，a[50] - a[30] 的值為？

```
for (i = 1; i<= 100; i++)
  b[i] = i;
for (i = 1; i <= 100; i++)
  a[i] = b[i] + a[i-1];
```

(A) 1275　　(B) 20　　(C) 1000　　(D) 810

12. (　　) 要將陣列元素 a[0] 移到 a[n - 1]，下列程式碼空白處該填入？

```
for (i = 0; i <=___; i++) {
  temp = a[i];   a[i] = a[i + 1];   a[i + 1] = temp;
}
```

(A) n + 1　　(B) n　　(C) n - 1　　(D) n - 2

13.(　　) 陣列 a[9] = {1, 3, 5, 7, 9, 8, 6, 4, 2}，n = 9，執行下列程式碼後，輸出結果為何？

```
for (i = 0; i < n; i++){
  temp = a[i];   a[i] = a[n - i - 1];   a[n - i - 1] = temp;
}
for (i = 0; i <= n / 2; i++)
  cout << a[i] << " " << a[n - i - 1];
```

(A) 2 4 6 8 9 7 5 3 1 9　　(B) 1 3 5 7 9 2 4 6 8 9

(C) 1 2 3 4 5 6 7 8 9 9　　(D) 2 4 6 8 5 1 3 7 9 9

14.(　　) 若 A[5], B[5] 為整數陣列，c = 0，執行下列程式碼後，c 的值為？

```
for (i = 1; i <= 4; i++){
  A[i] = 2 + i * 4;
  B[i] = i * 5;
}
for (i = 1; i <= 4; i++){
  if (B[i] > A[i])
    c = c + (B[i] % A[i]);
  else
    c = 1;
}
```

(A) 1　　(B) 4　　(C) 3　　(D) 33

15.(　　) 執行下列程式碼後，以下何者敘述不一定正確？

```
int a[n] = { ...... };
int p = q = a[0], i;
for (i = 1; i < n; i++) {
  if (a[i] > p)
     p = a[i];
  if (a[i] < q)
    q = a[i];
}
```

(A) p 是陣列 a 資料中的最大值　　(B) q 是陣列 a 資料中的最小值

(C) q < p　　(D) a[0] <= p

二、應用題

1. 寫出產生下列範圍內之整數亂數的語法

   (1) 0 ≦ n ≦ 9

   (2) 100 ≦ n ≦ 999

   (3) -1 ≦ n ≦ 1

2. 寫一程式，能逆向複製一個陣列，例如：將陣列 {1, 2, 3, 4, 5} 複製到陣列 {5, 4, 3, 2, 1}。

3. 寫一程式，能輸入一串正整數，其中第 1 個數代表後面會出現的正整數個數，例如：輸入 5 1 9 6 8 3，第一個數 5 代表後面會出現 5 個正整數。請找出後面正整數的最大數，及其出現的位置，如上例，輸出 9 2。(b002)

4. 寫一程式，能先輸入一串整數，再輸入另一個整數，此程式能找出這一串整數中，比最後輸入之整數大的個數。例如：輸入 100 200 129 134 198，再輸入 150，會輸出 2。(b138)

5. 若某一 n 個整數的序列，其相鄰 2 數之差的絕對值序列為 1 到 n-1，則稱為 jolly jumper，例如：1 2 4 1 5 就是 jolly jumper（n = 5），因為相鄰 2 數差的絕對值為 1, 2, 3, 4。

   寫一程式，可以輸入一串整數，第一個正整數為 n（n < 100），代表此整數序列的長度，判斷此整數序列是否為 jolly jumper。(d097)

6. 費氏數列的第 1, 2 項分別為 1, 1，其後的每一項為前 2 項的合，所以第 3 項以後分別為 2, 3, 5, 8, 13, 21......，使用陣列，寫一程式，輸入一正整數 n，輸出此數列第 n 項的值。

7. 陣列轉置是將一個陣列的第 i 列第 j 行元素換到第 j 列第 i 行。例如：陣列 A 的轉置陣列是 B，則 A[i][j] = B[j][i]。寫一程式，輸入一個 n×n 的二維陣列後，能輸出對應的轉置陣列。

CHAPTER 07

字串

本章學習重點

- 使用陣列之字串
- string 類別的使用
- APCS 實作題 – 字串

本章學習範例

- 範例 7.1.2 字串輸出
- 範例 7.1.2-2 將句子轉成大寫
- 範例 7.2 計算字串的字數 (a011)
- 範例 7.2-2 解密程式 (a009)
- 範例 7.2-3 位數的乘積 (a149)
- 範例 7.2-4 括號配對
- 範例 7.3 秘密差 201703 APCS 第 1 題

7.1 使用字元陣列之字串

7.1.1 字串宣告

第一章我們就曾經使用過字串，"hello world! " 就是一個字串常數。字串常數是指用雙引號 " 括起來的文字，最短的字串常數就是空字串 " "。

字串可使用字元陣列或指標來表示，指標將於第 9 章介紹。使用字元陣列之字串的宣告格式如下。

```
char 字串名稱 [ 長度 ];
```

例如：宣告一個長度為 20 個字元的字串 str 如下。

```
char str[20];
```

字串的字元陣列不一定每個元素都會有字元，因為字串會使用一個隱藏的空字元 '\0'，作為結束的符號，空字元以後的元素都會被忽略，例如：下列兩個字串 str1, str2，灰底的陣列元素都會被忽略。

```
char str1[20];          或        char str2[20];
str1 = "Hello";                   str2 = "Merry Christmas";
```

使用陣列之字串宣告時，若指定陣列大小，需注意字串的最大長度是陣列大小 -1，因為最後一個元素用來儲存空字元，如上例，字串 str 的最大長度為 19。

7.1.2 字串初始化

字串初始化和陣列初始化的方法相同，都可以使用字串常數來初始化，其格式如下，其中陣列內的長度是可以省略的。

```
char 字串名稱 [ 長度 ] = {'字元 1', '字元 2', ……};
char 字串名稱 [ 長度 ] = "字串常數";
```

例如：下面幾種方法都可將字串 word 的初始值設為字串常數 Hello。

```
char word[6] = { 'H', 'e', 'l', 'l', 'o', '\0' };
char word[ ] = { 'H', 'e', 'l', 'l', 'o', '\0' };
char word[6] = "Hello";
char word[ ] = "Hello";
```

字串常數後面會被自動附加一個隱藏的空字元 '\0'。"Hello" 有 5 bytes，加上 '\0' 後，共 6 bytes

使用陣列之字串初始化時，若省略宣告陣列的大小，編譯器會自動計算字串的長度，配置適當的記憶體空間給字串，可避免陣列大小宣告不足的問題。

宣告字串時，若未一併初始化，必需指定陣列的大小，否則編譯器不知道要配置多大的記憶空間，例如：下列敘述是錯的。

```
char str[ ];
```

錯，未指定陣列的大小

宣告與初始化字元或字串時，應注意其差別。例如：

```
char shirt = 'S';
char shirt = "S";
char shirt = 'SS';
```

對，'S' 屬於字元型態

錯，"S" 是字串，不是字元，應宣告為 char shirt[ ] = "S";

錯，字串使用雙引號 "，字元使用單引號 '

7.1.3 字串輸入與輸出

字串輸入與輸出可以使用 cin 和 cout 指令，例如：宣告一個字串 str 如下。

```
char str[31];
```

使用 cin 指令，可從鍵盤輸入一個不含空白的字串常數給 str，因為字串後面會被自動加上一個空字元 '\0'，所以字串的最大長度為陣列大小 - 1，因此 str 的最大長度為 30 個字元。

```
cin >> str;
```

使用 cout 輸出字串時，也可以直接使用字元陣列的名稱，輸出字串時，系統會逐一輸出字元，直到碰到空字元 '\0'，才停止輸出。

```
cout << str;
```

範例 7.1.2 字串輸出

讓使用者輸入姓名及喜歡喝的飲料後，輸出包含姓名及飲料名稱的回應字串。

```
1   #include <iostream>
2   using namespace std;
3   int main()
4   {
5       int n = 15;                        // 宣告陣列的大小為 15
6       char name[n], drink[n];            // 宣告兩個使用陣列的字串，各可以儲存 14 (15 – 1) 個字元
7       cout << "輸入你的名字： ";
8       cin >> name;                       // 輸入字串 name。只要使用陣列名稱，用 name[ ] 是錯的
9       cout << "輸入你最喜歡喝的飲料： ";
10      cin >> drink;                      // 輸入字串 drink。只要使用陣列名稱，用 drink[ ] 是錯的
11      cout << name << "！下課可以去買一杯" << drink << endl;
12      return 0;
13  }
```

執行結果

```
輸入你的名字： James
輸入你最喜歡喝的飲料：珍珠奶茶
James ！下課可以去買一杯珍珠奶茶
```

上例中，若名字輸入 "James Bond" 時，只會輸出 James。因為 cin 會把換行、空格、tab 等空白當成字串的結束。程式需要一次讀取一串包含空白的資料，使用 cin 指令，就要使用多個變數。若要一次讀取一整串文字，而非單一文字時，可以使用以下函數。

```
cin.getline( 字串名稱 , 長度 );
```

以下將介紹英文字母大小寫轉換的方式，小寫轉大寫可使用 toupper() 函數，大寫轉小寫可使用 tolower() 函數。格式如下。

```
int toupper(int c);     int tolower(int c);
```

兩函數會回傳整數，所以需使用 char() 函數，將它轉成字元。例如：

```
toupper('a');            → 回傳 65  char(65) → 'A'
char(toupper('a'));      → char(65) → 'A'
```

```
tolower('B');            → 回傳 98  char(98) → 'b'
char(tolower('B'));      → char(98) → 'b'
```

空字元 '\0' 的 ASCII 碼為 0，所以可直接使用數值 0 作為字串的結尾。下面兩敘述的意思是相同的。

```
char sent[5] = 0;           char sent[5] = '\0';
```

sent[5] 是字元，此處的 0 是表示 ASCII(0)，也就是字元 '\0'。為了簡化，程式常使用字元值是否為 0，作為判斷字串是否結束。

範例 7.1.2-2 將句子轉成大寫

寫一程式，能讓使用者輸入一個完整的英文句子後，將句子所有字元以大寫輸出。

```
1  #include <iostream>
2  using namespace std;
3  int main ()
4  {
5     int n = 50;
6     char sent[n];
7     int i = 0;
8     cout << " 輸入一個英文句子： ";
9     cin.getline(sent, n);               // 從鍵盤讀取包含空白的字串 sent，長度最多 49 個字元
10    while (sent[i])
11       cout << char(toupper(sent[i++]));  // 若 sent[i] 不是 0，則輸出被轉成大寫的字元
12 }
```

執行結果

```
輸入一個英文句子： This is a book.
THIS IS A BOOK.
```

程式說明

◆ 第 11 行

char(toupper(sent[i++])) 執行的順序

1. toupper(sent[i])：將字元 sent[i] 轉成大寫字母。

2. char(sent[i])：將字元 sent[i] 由 ASCII 碼轉成字元。

3. i++：i 的值加 1，亦即轉換到下一個字元。

7.1.4 字串的操作

字串的長度並不是由陣列大小決定的，而是由空字元的位置決定的。字元陣列包含一個以上空字元時，字串會是從起始位置到第一個空字元，後面的元素都會被忽略。因此要縮短字串時，可在要截斷的位置上，將此陣列元素指定成空字元 '\0' 即可。例如：

```
int len = 15;
char word[len] = "C++ program";
```

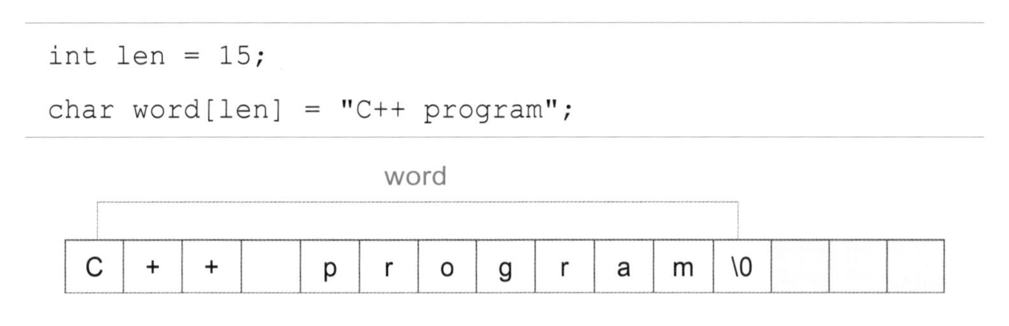

若將位移量 3 的字元設為 '\0'

```
word[3] = '\0';
```

字串 word 會變成 C++。

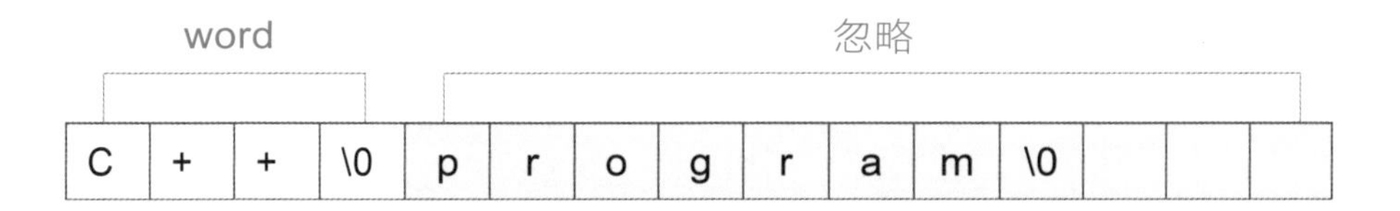

同理，要更改字串的內容時，可改變陣列元素的值，例如：

```
word[0] = 'H';
word[1] = 'i';
word[2] = '\0';
```

word 會變成 "Hi "。

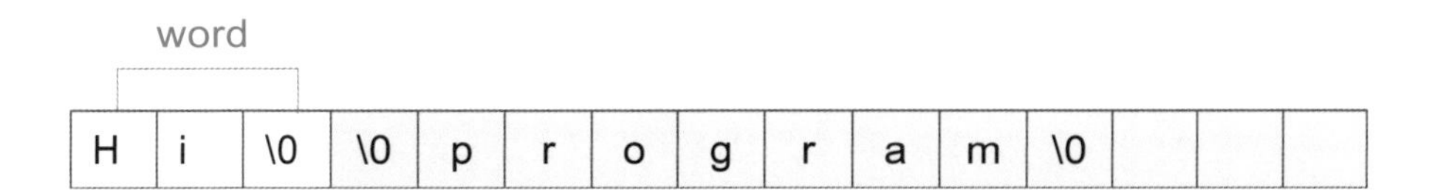

字串要進行長度計算、比對、串接等操作時，可使用字串函數來處理，下表是一些 C 語言的字串函數，使用前，要先引入 <cstring> 或 <string.h>。

功能	函數名稱	功能說明
長度	strlen(s)	傳回字串 s 的長度（不含 '\0' 字元）
複製	strcpy(s1, s2)	將字串 s2 複製到字串 s1
倒置	strrev(s)	將字串 s 的字元順序倒置
串接	strcat(s1, s2)	將字串 s2 串接到字串 s1 的後面
比較	strcmp(s1, s2)	比較字串 s1 與 s2，若 s1 == s2，回傳 0；s1 > s2，回傳一正整數；s1 < s2，回傳一負整數。

例如：

實例	說明
int len; len = strlen("Sunday");	因為字串 Sunday 的長度是 6，所以 len = 6
strcpy(str, "abc");	strcpy(str, "abc") 表示將 "abc" 複製給 str，所以 str = "abc"
char str[] = "abc"; strrev(str);	str 初始值為 "abc"，strrev(str) 表示將字串 str 倒置，所以 str = "cba"
char str[] = "abc"; strcat(str, "123");	str 初始值為 "abc"，strcat(str, "123") 表示在字串 str 後面串接上 "123"，所以 str = "abc123"

strcmp("Tom", "John");
strcmp("Tom", "Tom");
strcmp("John", "Tom");
	回傳一正整數，因為 T 的 ASCII 碼大於 J 的 ASCII 碼
	回傳 0
	回傳一負整數，因為 J 的 ASCII 碼小於 T 的 ASCII 碼

7.2 string 類別的使用

C 語言使用字元陣列或指標來操作字串，比較複雜，C++ 增強了字串的操作，內建的標準函式庫有一個 string 類別（class），可用來定義變數，用法就和 char、int 等資料型態一樣，比較直覺。使用 string 類別前，要先引入 <string> 標頭檔。

```
#include <string>
```

string 的用法如下

1. 定義字串，例如：

```
string s1, s2;          // 宣告字串 s1 和 s2
s1 = "hello";           // 指定一個字串常數給字串 s1
s2 = s3;                // 指定另一個字串 s3 給字串 s2
string s3 = "hello";    // 宣告字串 s3，並使用字串常數賦予初始值
```

2. 輸入輸出字串，例如：

```
cin >> s1;              // 從鍵盤輸入一個字串給 s1
cout << s2              // 輸出字串 s2
```

3. 比較字串

使用關係運算子（==、>、<、!=、>=、<=）由左至右逐字元比較字串，亦即一一比較字元的 ASCII 碼。例如：

```
string s1 = "aaa", s2 = "abc";
```

因為 s2 第二個字元 b 的 ASCII 碼大於 s1 第二個字元 a 的 ASCII 碼，所以 s1 < s2。

4. 連接字串，例如：

```
string s1 = "hello";          // 定義 s1，並賦予初始值
string s2 = " world";         // 定義 s2，並賦予初始值
s1 += s2;
   // 連接字串 s1 和 s2 後，指定給 s1，s1 = "hello world"
```

5. 計算字串長度，例如：

```
string s = "c++";
int len = s.length();
// 使用函數 length() 取得字串 s 的長度，並指定給變數 len，
// 所以 len = 3
```

6. 插入字串，例如：

```
string s1 = "12367890", s2 = "45", s;
s = s1.insert(3, s2);
   // 在字串 s1 第 3 個位置後插入字串 s2，所以 s = "1234567890"
```

7. 刪除字串，例如：

```
string s1 = s2 = "1234567890", s;
s = s1.erase(3);
   // 刪除字串 s1 位置 3 後的字元 (1234567890)，所以 s = "123"
s = s2.erase(3, 4);
   // 刪除字串 s2 位置 3 後的 4 個字元 (1234567890)，
   // 所以 s = "123890"
```

8. 提取字串，例如：

```
string s1 = "1234567890", s;
s = s1.substr(2, 4);
   // 提取字串 s1 位置 2 後的 4 個字元(1234567890),
   // 所以 s = "3456"
```

9. 搜尋字串，例如：

```
string s1 = "1234567890", s2 = "67";
int a = s1.find(s2);
   // 搜尋 s1 字串內 s2 字串的位置(1234567890),所以 a = 5
```

10. 讀取字串的方式包含以下幾種：

(1) cin 可讀取一個字串，會把空白當成字串的結束，所以 cin 讀取的字串，一定不會包含空白。

(2) cin.getline(字串名稱 , 長度) 會讀取一串包含空白，有最大長度的字串，會把 enter 當成字串的結束。

(3) getline(cin, 字串名稱) 會讀取一串包含空白，長度不固定的字串，會把 enter 當成字串的結束。

這三個讀取字串之函數的特性如下表

函數	包含空白	字串長度	字串結束
cin	否	不固定	空白
cin.getline(字串名稱 , 長度)	是	固定	enter
getline(cin, 字串名稱)	是	不固定	enter

範例 7.2 計算字串的字數 (a011)

寫一程式，能計算每段文字內，有幾個英文字（words），例如：This is a book. 共有 4 個字。

輸入：可連續多次輸入一段文字

輸出：每一段英文字的字數

解題方法

1. 使用 string 類別，先宣告一個字串 s（string s）。
2. 一次讀取一段包含空白，且長度不固定的文字，可使用 getline(cin, s) 函數。連續多次讀取一段文字，可使用 while 迴圈，即 while (getline(cin, s))。
3. 讀取一段文字 s 後，檢查字串 s 內的每個相鄰字元，若某字元是英文字母，下一個字元不是，表示找到一個英文字，字數就 + 1。
4. 檢查字串所有的相鄰字元，可使用 for 迴圈，迴圈數 i 為 0~字串長度 - 1，字串長度 = s.length()。相鄰字元則為 s[i] 和 s[i+1]。
5. 解題虛擬碼如下

```
while (讀取一串字串 s)
{
    字串長度 = s.length();
    for (i = 0; i < 字串長度; i++)
        檢查 s[i] 和 s[i+1]，若 s[i] 是字母，s[i+1] 不是，則字數加 1;
    輸出字數;
}
```

6. 若 c 是字母，函數 isalpha(c) 會傳回非零值，否則傳回 0。
7. 相鄰的字元為 s[i] 和 s[i+1]，檢查是否為字母可使用 isalpha 函數，所以檢查相鄰的字元是否一個是字母，另一個不是字母，可使用

```
if (isalpha(s[i]) && !isalpha(s[i + 1]))
```

```
1  #include <iostream>
2  #include <string>
3
4  using namespace std;
5  int main()
6  {
7     string s;
8     while (getline(cin, s))          連續多次讀取輸入的一段文字
9     {
10    int n = 0, i;
11    int len = s.length();            將字串 s 的長度指定給 len
12
13    for (i = 0; i < len; i++ )
14       if (isalpha(s[i]) && !isalpha(s[i + 1]))
15          n++;                       檢查相鄰的字元是否一個是字
16       cout << n << endl;            母，另一個不是。若是，n 加 1
17    }
18    return 0;
19 }
```

執行結果

```
hello world!
2
I am going to school.
5
```

範例 7.2-2 解密程式 (a009)

密碼學主要是研究資料的加密與解密，使資料即使被竊取，別人也無法解讀出來。最古老的凱撒加密法（Caesar cipher）是把英文字母第 n 個字元，使用第 n + k 個字元取代，當時使用的 k 值是 3。

若 k 值為 7，寫一個程式，將一串加密過的資料，解譯出來。

輸入：可連續多次輸入一串加密過的字串

輸出：解密出來的字串

解題方法

1. 連續多次讀取一段文字，可使用 while 迴圈，即 while (getline(cin, s))。

2. 針對字串內的每一個字元，依下列步驟處理

字元 s[i]	→	轉換成數值 int(s[i])	→	數值 - 7 int(s[i]) - 7	→	再轉回字元 char(int(s[i]) - 7)

(1) 字元 s[i] 要使用 int 函數轉換成數值 int(s[i])，才能進行算術運算。

(2) 加密使用 + 7 個字元取代，所以字元 s[i] 解密需 - 7，即 int(s[i]) - 7。

(3) int(s[i]) - 7 運算的結果是整數，所以使用 char 函數將其轉換成對應的字元。

3. 解題虛擬碼

```
while (讀取一串字串 s)
{
   for (i = 0; i < 字串 s 的長度; i++)
      s[i] = char(int(s[i]) -7);
   輸出字串 s;
}
```

```
1  #include <iostream>
2  #include <string>
3  using namespace std;
4  int main ()
5  {
6     int len, i;
7     string s;
8     while(getline(cin, s))                 連續多次讀取輸入的一段文字
9     {
10       len = s.length();
11       for(i = 0; i < len; i++)
12          s[i] = char(int(s[i]) - 7);      將字元解密出來
13       cout << s << endl;
14    }
15    return 0;
16 }
```

執行結果

```
1JKJ'pz'{ol'{yhklthyr'vm'{ol'Jvu{yvs'Kh{h'Jvywvyh{pvu5
*CDC is the trademark of the Control Data Corporation.

1PIT'pz'h'{yhklthyr'vm'{ol'Pu{lyuh{pvuhs'I|zpulzz'Thjopul'Jvywvyh{pvu5
*IBM is a trademark of the International Business Machine Corporation.
```

範例 7.2-3 位數的乘積 (a149)

寫一程式，將一個大於 0 之整數的每個位數相乘。例如：輸入 258，2 * 5 * 8 = 80，所以輸出 80。

輸入：先輸入一個整數，表示資料的組數，再輸入各組數字。例如：輸入 2 316 8888

表示共有 2 組測試資料，分別是 316 和 8888。

輸出：每個位數的乘積

解題方法

1. 讀取資料筆數（cin >> n），再使用迴圈 for (i = 0; i < n; i++)，處理每筆資料。

2. 每筆測試資料處理的步驟

(1) 使用字串方式，讀取測試資料。（cin >> str）

(2) 使用迴圈 for (j = 0; j < str.length(); j++)，將字串的每個元素值相乘 value *= str[j]。

(3) 因為陣列元素的型態是 char，需轉成整數，可使用 str[j] – '0' 轉換。所以陣列每個元素值相乘的敘述為 value *= (str[j] – '0')。

3. 解題虛擬碼

```
cin >> n;
for (i = 0; i < n; i++)
{
    讀取每筆資料 str;
    for (j = 0; j < 字串 str 的長度 ; j++)
        value *= (str[j] - '0');
    輸出 value;
}
```

```
1  #include <iostream>
2  #include <string>
3  using namespace std;
4  int main ()
5  {
6     int n, value;
7     string str;
8     cout << "輸入資料筆數 ";
9     cin >> n;
10    for (int i = 0; i < n; i++)
11    {
12       cout << "輸入第 " << i + 1 << " 筆資料 ";
13       cin >> str;
14       value = 1;                                  將乘積的初始值設為 1
15       for (int j = 0; j < str.length(); j++)
16          value *= (str[j] - '0');                 將字串每個元素轉成數值後相乘
17       cout << "乘積為 " << value << endl;
18    }
19    return 0;
20 }
```

執行結果

```
輸入資料筆數 3
輸入第 1 筆資料 123
乘積為 6
輸入第 2 筆資料 9999
乘積為 6561
輸入第 3 筆資料 850
乘積為 0
```

範例 7.2-4 括號配對

程式內的左大括號 { 和右大括號 } 須配對出現，例如：{ { { } } } { } 是正確的；}{ 是不正確的；{}{{}{{}{{{{}{}}}{}}}{}}{} 是正確的。

有時程式過於複雜，就不容易檢查大括號是否正確配對。寫一程式，能仿照編譯器，自動檢查程式碼的大括號是否正確配對。

輸入：一串大括號的字串

輸出：若大括號正確配對，輸出 YES，否則輸出 NO

解題方法

1. 宣告一個變數 p = 0，用來記錄大括號配對的情形。

2. 判斷的方法是讀取字串，一一判斷字串的每一個字元，若是左括號 {，p 加 1；若是右括號 }，p 減 1。規則如下：

(1) 右括號 } 不能先存在，所以若 p < 0，就停止判斷，輸出 NO。

(2) 左右括號會相互抵銷，所以最後 p 值需為 0，才是正確的配對。

3. 如左下例，p 值最後為 1，所以是不正確的配對。右下例，p 值最後為 0，所以是正確的配對。

```
{ { { } { } }      { } { { } { { } { { { { } { } } } { } } } { } } { }
1 2 3 2 3 2 1      1 0 1 2 1 2 3 2 3 4 5 6 5 6 5 4 3 4 3 2 1 2 1 0 1 0
```

4. 解題演算法

```
當不是空字元時 {
    若 (str[i] == '{') p++;
    若 (str[i] == '}') p--;
    若 (p < 0) break;
    換到下一個字元；
}
若 (p == 0) cout << "YES"，否則 cout << "NO"
```

```
1  #include <iostream>
2  #include <string>
3  using namespace std;
4  int main()
5  {
6     int i = 0, p = 0;
7     char str[50];
8     cin >> str;
9     while (str[i])
10    {
11       if (str[i] == '{')          若是左括號 {，p 加 1
12          p++;
13       if (str[i] == '}')          若是右括號 }，p 減 1
14          p--;
15       if (p < 0) break;           若 p 為負值，立刻結束迴圈
16       i++;                        換到下一個字元
17    }
18    if (!p)                        若 p 為 0，輸出是正確的配對
19       cout << "YES";
20    else                           否則輸出不是正確的配對
21       cout << "NO";
22    return 0;
23 }
```

執行結果

```
{{{}{}}
NO
{}{{}{{}{{{{}{}}}{}}}{}}{}
YES
```

7.3 APCS 實作題 — 字串

範例 7.3 秘密差 201703 APCS 第 1 題

若一個十進位正整數的奇數位數的和為 A，偶數位數的和為 B，則絕對值 |A-B| 稱為這個正整數的秘密差。

例如：263541 的奇數位數和 A = 6 + 5 + 1 = 12，偶數位數和 B = 2 + 3 + 4 = 9，所以 263541 的秘密差是 |12 - 9|= 3。

寫一程式，輸入一個十進位正整數 X，X 的位數不超過 1000，請找出 X 的秘密差。

輸入：輸入為一行含有一個十進位表示法的正整數 X，之後是一個換行字元。

輸出：請輸出 X 的秘密差 Y (以十進位表示法輸出)，以換行字元結尾。

範例一：輸入
263541

範例一：正確輸出
3

範例二：輸入
131

範例二：正確輸出
1

解題方法

1. int 能表示的最大整數約 10 位數 (21 億)，long long 約 20 位數，若輸入的整數超過 20 位數，就無法使用整數資料型態來表示。超出整數資料型態表示範圍的大整數，可使用字串來處理。
2. 本題解題演算法可設計如下
   (1) 將輸入的整數以字串的方式讀入
   (2) 從字串陣列索引 0 的元素開始，依序讀入每個元素，直到空字元 ('\0') 為止。
   (3) 將每個讀入的字元轉換成整數值，若其索引為偶數，將數值加到秘密差，若為奇數，則將此整數從秘密差中減掉。

(4) 判斷秘密差是否 < 0，若是，將秘密差轉為正數。

(5) 輸出秘密差。

3. 步驟 (1) 可宣告一個字串 (string) s，存放輸入的整數，所以其敘述為

```
cin >> s;
```

4. 步驟 (2) 可使用 while 迴圈來解題，若索引是 i，從索引 0 開始，所以 i 的起始值設為 0。

當 s[i] != '\0' 就反覆執行迴圈，每次迴圈執行完前，都要往下一個字元繼續執行，所以索引值要 +1，也就是 i++。因此 while 迴圈可設計如下：

```
i = 0;
while (s[i] != '\0') {
        ...........
        i++;
}
```

5. 步驟 (3) 中，字串陣列的每個元素都是字元，儲存的是 ASCII 碼，所以運算前，須先將字元先轉成對應的整數。

字元 '0' ~ '9' 的 ASCII 碼依序為 48 ~ 57，所以「字元 - 48」(或「字元 - '0'」)，就可以得到對應的整數。以 263541 為例，轉換的方法如下圖：

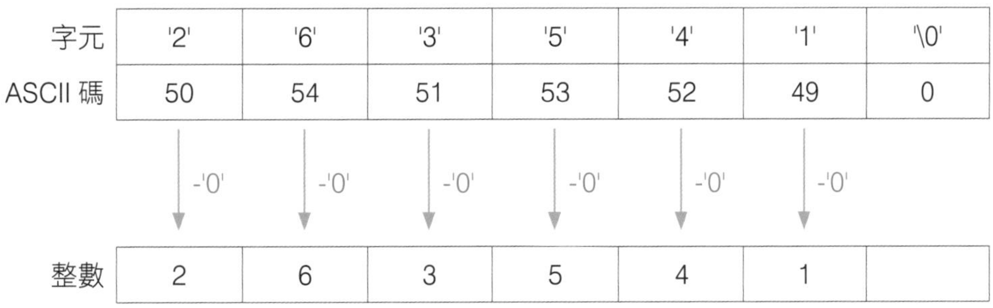

字元	'2'	'6'	'3'	'5'	'4'	'1'	'\0'
ASCII 碼	50	54	51	53	52	49	0
	-'0'	-'0'	-'0'	-'0'	-'0'	-'0'	
整數	2	6	3	5	4	1	

所以 while 迴圈內的元素 s[i] 需進行以下處理：

(1) 將元素轉為對應的整數，也就是 s[i] - '0' (或 s[i] - 48)。

(2) 若索引是偶數 (i % 2 == 0)，將此整數 s[i] - '0' 加到秘密差中；若索引是奇數，將此整數 s[i] - '0' 從秘密差中減掉。

6. 最後判斷秘密差是否 < 0，若是，將秘密差轉為正數。

```
 1  #include <iostream>
 2  using namespace std;
 3
 4  int main()
 5  {
 6     int i, diff = 0;            // 宣告整數 i 是索引，diff 是秘密差
 7     string s;
 8     cin >> s;                   // 將輸入的整數用字串讀入
 9
10     i = 0;                      // 從索引 0 的元素開始
11     while (s[i] != '\0') {      // 當元素值不等於空字元時，執行迴圈
12        if (i % 2 == 0)          // 若索引是偶數，秘密差要加上對應的整數
13           diff = diff + (s[i] - '0');
14        else                     // 若索引是奇數，秘密差要減去對應的整數
15           diff = diff - (s[i] - '0');
16        i++;                     // 索引值 +1，準備讀入下一個元素
17     }
18
19     if (diff < 0)               // 若秘密差 < 0，將其轉為正數
20        diff = -diff;
21     cout << diff;
22  }
```

執行結果

```
1233210        1357        12345678901357924680111555999
0              4           19
```

學習挑戰

一、選擇題

1. (　　) 下列何者不是正確的字元或字串常數？

(A) ""　(B) "hello"　(C) 'aa'　(D) 'm'

2. (　　) 下列何者不是正確的字串表示？

(A) char s[3] = "c++"　(B) char s[3] = "c"

(C) char s[3] = ""　(D) char s[3] = "/0"

3. (　　) 字串 "Hello" 共占幾個 bytes ？

(A) 5　(B) 6　(C) 10　(D) 12

4. (　　) 下列那個字元是字串結束的符號？

(A) \\　(B) //　(C) \0　(D) /0

5. (　　) 若要一次讀取含空白的一整串文字，可使用那一個函數？

(A) cin.getline　(B) cin.scanf

(C) cout.getline　(D) cin.endl

6. (　　) 下列何者的 ASCII 碼為 0 ？

(A) 0　(B) '0'　(C) '\0'　(D) "/0"

7. (　　) 下列那一個函數能將英文字母大寫轉成小寫？

(A) toupper　(B) todown　(C) toup　(D) tolower

8. (　　) 若 char str[20] = "Hello world!"; 則 str[12] 值為何？

(A) 未宣告　(B) \0　(C) !　(D) \n

9. (　　) 執行下列程式片段的結果為何？

```
char word[len] = "C++ program";
word[3] = '\0';
cout << myword << endl;
```

(A) C　(B) C+　(C) C++　(D) C++ program

10.(　　) 下列那一個函數能計算字串長度？

(A) strlen　(B) strstr　(C) strcat　(D) strrev

11.(　　) strcmp(s1, s2) 回傳一負整數，表示

(A) s1 > s2　(B) s1 == s2　(C) s1 < s2　(D) s1 = s2

12.(　　) 執行下列程式片段後，s1 的值為？

string s1 = "000", s2 = "1";

s1 = s1.insert(3, s2);

(A) 0001　(B) 0010　(C) 31　(D) 0003

二、應用題

1. 若宣告 string s1, s2, s3;，請寫出下列問題對應的指令
   (1) 連接 s1 和 s2 後，指定給 s1
   (2) 計算 s3 的長度
   (3) 在字串 s1 的第 3 個位置後，插入字串 s2
   (4) 刪除 s3 字串第 3 個以後的 4 個字元
   (5) 提取字串 s1 第 2 個以後的 4 個字元

2. 若 n = 99，執行下列程式片段，輸出結果為何？並說明程式片段的功能。

```
string r;
while (n!= 0) {
    r = (n % 2 == 0 ? "0" : "1") + r;
    n /= 2;
}
cout << r;
```

3. 迴文（palindrome）是指一個字串順讀和逆讀都是一樣的，如 ABBA 或 mapam。寫一程式，讓使用者輸入一字串後，判斷它是不是一個迴文。

4. 寫一程式，能檢查某個字串刪除幾個字元後，是否會符合另一個字串。例如：輸入 YZ XXYXZ，第二個字串 XXYXZ 去掉字元 X 後，會等於第一個字串 YZ。

5 寫一程式，可去除每行非數字的字元，並將每行所得到的一個數字相加後，輸出結果。例如：輸入 m21fQZ3 和 !&10x9<，會輸出 213+109=322。

6. 寫一程式，可解讀羅馬數字。羅馬數字有 7 個字母，分別代表

I	V	X	L	C	D	M
1	5	10	50	100	500	1000

解讀規則是

(1) 由左到右將字母所代表的數字相加。例如：XII 代表 10 + 1 + 1 = 12。

(2) 若右邊的數字比左邊大，則代表是大數字減去小數字。例如：IV 代表 5 – 1 = 4。

CHAPTER 08

函數

本章學習重點

- 函數的概念
- 函數的定義與呼叫
- 函數與陣列
- 變數的範圍
- 多載與範本
- 遞迴

本章學習範例

- 範例 8.2.1　次方的值
- 範例 8.2.2　void 函數
- 範例 8.2.3　整數相加的函數
- 範例 8.2.5　inline 函數
- 範例 8.3　傳遞陣列參數
- 範例 8.4　變數的範圍
- 範例 8.5.1　多載函數
- 範例 8.5.2　函數範本
- 範例 8.6.2　遞迴 1 + 2 + … n
- 範例 8.6.3　費氏數列
- 範例 8.6.3-2　費氏數列（重複結構）

8.1 函數的概念

程式是用來解決真實世界的問題，這些問題比書本的程式大而複雜得多，且常需要多人合作共同完成，也不可能把程式碼都寫在主函數中。

大程式常會被畫分成若干個模組，各自完成一部分功能，這就是模組化程式設計的概念。模組化設計會把大而複雜的問題，不斷分解成簡單的小問題，最後以解決這些小問題的方式，解決整個大問題。

函數可實現程式的模組化，模組可以個別編譯後，集合成函式庫，需要用到某些函數時，再將編譯好的函式庫連結（link）起來，形成可執行檔。模組化的優點包含

1. 可避免重複的程式碼，精簡程式，提高程式維護的效率。
2. 個別函數可由不同的人獨立發展、編譯、除錯。
3. 函式庫可重複使用，可不斷累積。

函數 function 的中文意思是功能。顧名思義，函數是

一組具有名稱，可達成特定功能的程式碼，能讓程式從某一位置呼叫執行。

可以把函數想像成是一個黑箱（black box），可將輸入的資料依指定的方式處理，使用者並不需要知道箱內的功能是如何完成的。函數設計完成後，可重複使用，只要呼叫函數，就可以獲得所要的輸出。

C/C++ 程式是由許多函數組成的，各項功能也是由函數實現的，所有函數的地位相等，可任意排列，不影響程式執行結果。

程式會從主函數 main 開始執行，main 也是唯一會被系統自動呼叫的函數，一個程式只能有一個 main 函數。

8.2 函數的定義與呼叫

8.2.1 內建函數

函數一般可分為內建（pre-defined）函數與自訂（user-defined）函數。內建函數是指由編譯器提供的公用函式庫，可減少編寫程式的負擔；自訂函數則是設計者根據需求，自行定義的函數，設計者可不斷累積所建立的自訂函數，成為自己的函式庫，需要時隨時取出使用。

就像使用工具時，須知道此工具放在那個工具箱。使用內建函數時，需先使用 #include 命令引入包含此函數的標頭檔，標頭檔內建有許多函數，可直接引用。

C++ 提供豐富的函式庫，完整的函式及其用法可參考 C++ 標準函式庫(http://www.cplusplus.com/reference/)，例如：

1. I/O 函數：如 <iostream> 內建的 cout, cin, getline 等函數。
2. 字串函數：如 <cstring> 內建的 strlen, strcpy, strrev, strcat, strcmp 等函數。
3. 字元函數：內建的下列函數

函數名稱	功能	實例
isdigit(c)	檢查字元是否為數字	isdigit(92) 傳回 0
isalpha(c)	檢查字元是否為字母	isalpha(88) 傳回 1
tolower(c)	將大寫字母轉換為小寫	tolower('F') 傳回 102
toupper(c)	將小寫字母轉換為大寫	toupper('g') 傳回 71

4. 數學函數：如 <cmath> 內建的下列函數

函數名稱	功能	實例
pow(x, y)	傳回數學式 x^y（x 的 y 次方）的值	pow(16, -0.5) 傳回 0.25
fabs(x)	傳回浮點數 x 的絕對值	fabs(-2.5) 傳回 2.5
fmod(x, y)	傳回兩個浮點數相除 x / y 時，所得的餘數	fmod(2.6, 1.2) 傳回 0.2
fmin(x, y)	傳回 x, y 之最小值	fmin(1.2, 1.8) 傳回 1.2
fmax(x, y)	傳回 x, y 之最大值	fmax(1.2, 1.8) 傳回 1.8

範例 8.2.1 次方的值

輸入 a, b 兩正數，使用內建函數，輸出 a^b 的值。

```
 1  #include <iostream>
 2  #include <cmath>
 3  using namespace std;
 4
 5  int main( )
 6  {
 7      float a, b;
 8      cout << " 輸入底數 ";
 9      cin >> a;
10      cout << " 輸入指數 ";
11      cin >> b;
12
13      cout << " 值為 " << pow(a,b) << endl;
14      return 0;
15  }
```

因為使用 pow 函數，所以需引入標頭檔 <cmath>

呼叫 <cmath> 內的 double pow (double 底數 , double 指數) 函數，函數會回傳底數指數的值

執行結果

```
輸入底數 64
輸入指數 0.5
值為 8
```

8.2.2 無回傳值的自訂函數

依據有無回傳值，函數可分成無回傳值和有回傳值的函數。依據有無參數，函數可分成無參數和有參數的函數。無回傳值且無參數之函數的定義語法如下

```
void 函數名稱 ()
{
    敘述；
}
```

void 是無回傳值的意思，可以被省略，指函數不會回傳任何資料。

如下例，定義一個無回傳值且無參數的函數 print 如下

```
void print ( )
{
    cout << "hello world!" << endl;
}
```

呼叫 print 函數時，只要使用「函數名稱 ();」即可，例如：

```
print();
```

程式執行至呼叫函數時，程式控制權會轉移至被呼叫的函數，先執行函數內的敘述，直到函數結束為止。所以呼叫函數後，上例會輸出字串 "hello world! "。

範例 8.2.2 void 函數

使用函數將文字 hello world! 輸出到螢幕上

```
1   #include <iostream>
2   using namespace std;
3
4   void print()                    // 定義無回傳值之函數 print，void 可以省略
5   {
6       cout << "hello world!" << endl;
7   }
8   int main()
9   {
10      print();                    // 呼叫 print 函數
11      return 0;
12  }
```

上面程式執行的順序如下

1. 由第 8 行的 main() 函數開始依序執行。
2. 執行到第 10 行 print(); 敘述時，會呼叫第 4 行的 void print() 函數。此時程式會跳到第 4 行執行 print 函數。
3. 執行到第 6 行時，輸出 hello world! 字串。
4. 執行到第 7 行時，結束 print 函數，程式會跳回呼叫函數的下一行敘述，也就是第 11 行 return 0; 繼續執行。

定義無回傳值但有參數之函數的語法如下

```
void 函數名稱 (參數 1 的型態 參數 1, 參數 2 的型態 參數 2, ...)
{
    敘述;
}
```

小括號內為函數的參數列，參數宣告需包含型態與名稱，有多個參數時，需使用逗號 , 分隔。例如：定義 printx 函數如下

```
void printx (int x)
{
    cout << "x = " << x << endl;
}
```

呼叫 printx 函數時，要使用「函數名稱 (引數);」。例如：

```
printx(2);
```

其中 2 為引數（argument），會傳給 printx 函數的參數 x，函數內的變數 x 會被指定為 2，所以會輸出 x = 2。

引數和參數的個數要相同，例如：定義一個有 3 個整數參數的函數如下

```
void printxyz (int x, int y, int z)
{
    cout << "x + y + z = " << x + y + z << endl;
}
```

呼叫函數也要有 3 個整數引數

```
printx(2, 5, 11);
```

引數 2 會傳給參數 x，引數 5 會傳給參數 y，引數 11 會傳給參數 z，所以等同 x = 2, y = 5, z =11，函數執行完會輸出 x + y + z = 18。

以下是函數之參數記憶體使用的情形

1. 函數呼叫前，參數不占記憶體空間。
2. 函數呼叫時，參數才會被分配記憶體空間，用來接收傳來的引數。
3. 函數呼叫後，參數的記憶體空間會被釋放，這些參數就會失效。所以函數的參數只有在函數執行時才有效，呼叫前和呼叫後都是無效的。

程式可以多次呼叫函數，例如：要印出 2 行 hello world!，main 函數的敘述可以更改為

```
print( );
cout << endl;
print();
```

此程式運作的流程如下圖所示

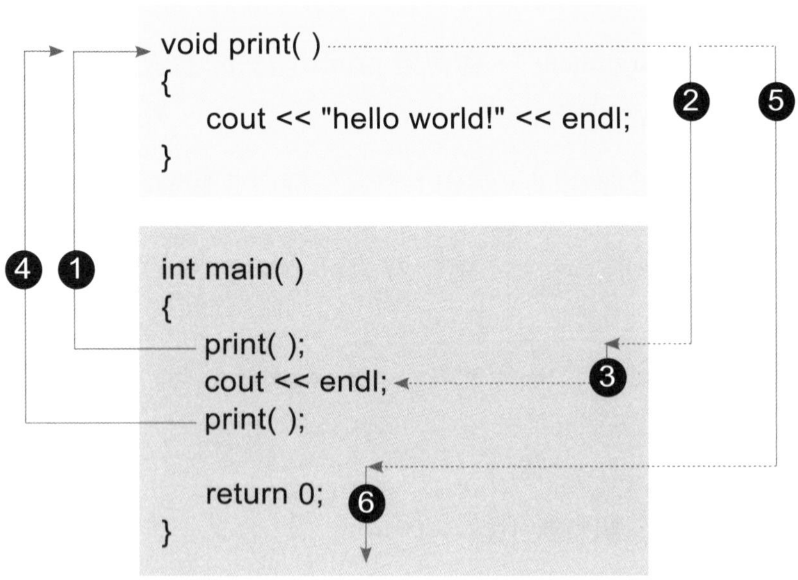

```
void print( )
{
    cout << "hello world!" << endl;
}

int main( )
{
    print( );
    cout << endl;
    print( );

    return 0;
}
```

8.2.3 有回傳值的自訂函數

一、定義函數

有回傳值的函數是指函數會使用 return 指令，回傳一個值，給呼叫它的函數。其定義語法如下，return 值的型態要和回傳值型態一致。

```
回傳值型態 函數名稱 （參數 1 的型態 參數 1, 參數 2 的型態 參數 2, ...)
{
    敘述；
    return 值；
}
```

例如：定義一個求兩整數和的函數 add 如下，此函數有 a, b 兩個整數參數，函數內的變數 a, b 就是函數的參數。return c 就是將 c 值傳回呼叫的函數，因為函數回傳整數，所以函數的回傳值型態要設為 int。

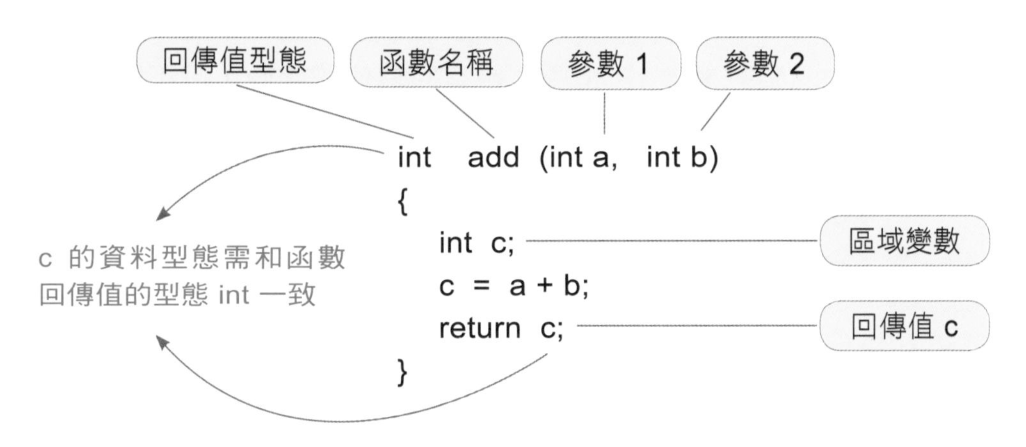

二、呼叫函數

呼叫無參數的函數，不需提供函數引數，但呼叫有參數的函數，則需要提供相同個數的對應引數給函數的參數。

如上例，呼叫 add 函數時，需提供兩個整數作為參數 a, b 的引數，例如：add(8,6) 會將引數 8 複製給函數的參數 a，6 複製給參數 b，等同 a = 8, b = 6。

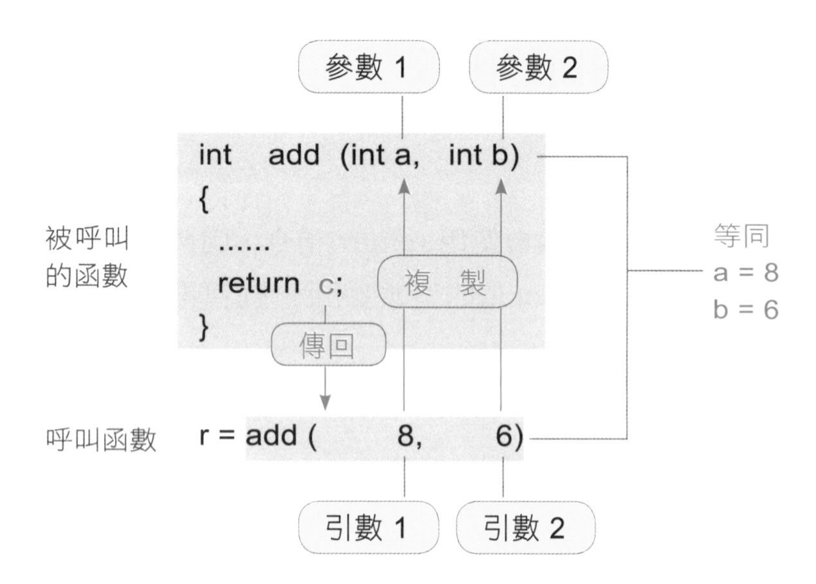

若引數與參數有一者為整數，另一者為浮點數時，會進行資料轉換。例如：若引數為 1.5，參數 a 為整數，則會將 1.5 轉換成整數 1，再複製給參數 a。同樣地，若引數為 1，參數 a 為浮點數，則會將 1 轉換成浮點數 1.0，再複製給參數 a。

此外，呼叫有回傳值的函數時，呼叫的函數需要有一個變數，用來接收回傳值，如上例的整數變數 r。但呼叫沒有回傳值的函數，就不需要接收的變數。

呼叫有回傳值之函數	呼叫無回傳值之函數
r = add(8, 6);	print();

三、函數運作的過程

呼叫函數時，程式控制權會被轉移至函數，先執行函數，直到碰到 return 指令為止。如下圖，程式執行至 main 函數的 r = add(8, 6) 時，會先執行 add(8, 6)，將 8, 6 複製給參數 a, b（a = 8, b = 6），並將控制權轉移給 add 函數，執行函數內的敘述，直到碰到 return c。

因為 c = 14，所以 return c 會將 14 傳回給 main 函數內的變數 r，所以 r = 14，並將程式控制權交回 main 函數，自呼叫函數的位置，往下繼續執行程式。

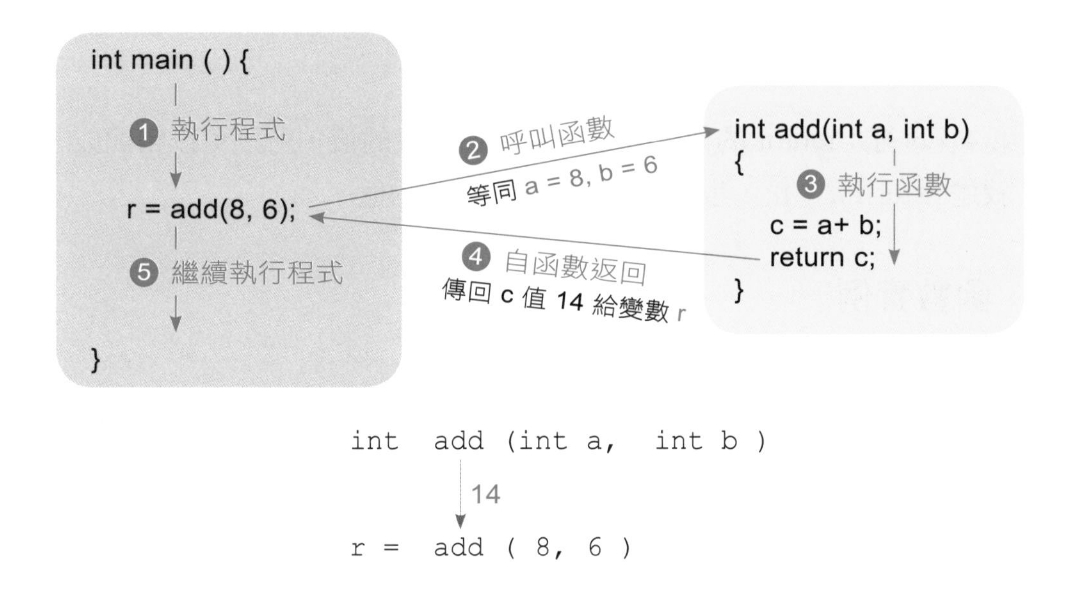

範例 8.2.3 整數相加的函數

設計一個兩整數相加的函數，並顯示相加的結果。

```
1  #include <iostream>
2  using namespace std;
3  int add(int a, int b) {
4     int c;
5     c = a + b;
6     return c;
7  }
8  int main () {
9     int r;
10    r = add(8, 6);
11    cout << "結果是 " << r;
12    return 0;
13 }
```

可以寫成一行 return a + b;

呼叫 add 函數，並將 8, 6 兩個引數傳給函數。函數的回傳值 14 會指定給變數 r

執行結果

```
結果是 14
```

程式說明

- 第 4 - 6 行：return 的值可以是運算式運算後的值，所以可以精簡成一行敘述 return a + b;，也就是直接回傳 a + b 的值。

四、函數實例

以下列舉一些有回傳值函數的實例，例如：

1. 函數 abs 可傳回某一整數的絕對值

```
int abs(int n) {
   if (n < 0) n = -n;
   return n;
}
```

2. 函數可以再呼叫其他函數，包含內建函數。如下例，函數 max2, max3, max4 可分別傳回兩個、三個、或四個浮點數之最大者。

```
float max2 (float x, float y) {
   float max;
   max = (x >= y) ? x : y;
   return max;
}

float max3 (float x, float y, float z) {
   return max2 (max2(x, y), z);
}

double max4 (float w, float x, float y, float z) {
   return max2 (max2(w, x), max2(y, z));
}
```

8.2.4 函數的原型宣告

編譯器會逐行編譯程式碼，若呼叫已定義的函數，因編譯器曾編譯過此函數，所以不用先宣告函數，但若呼叫尚未定義的函數，便需先宣告函數，將函數的資訊告訴編譯器，這種函數宣告稱為函數原型（prototype）。

例如：將範例 8.2.3 的 main 和 add 函數順序對調，程式從 main() 開始執行，執行到 r = add(8, 6); 敘述時，因為前面敘述尚未定義 add 函數，所以需先宣告 add 函數。

```
// 先呼叫後定義，需宣告函數原型
int add(int a, int b);      ← 函數原型
int main()
{
    ......
    r = add(8, 6);          ← 函數呼叫
    ......
}
int add(int a, int b)       ← 函數定義
}
    ............
}
```

```
// 先定義後呼叫，不需宣告函數原型

int add(int a, int b)       ← 函數定義
{
    ............
}
int main()
{
    ......
    r = add(8, 6);          ← 函數呼叫
    ......
{
```

先呼叫後定義，需宣告函數原型。先定義後呼叫，不需宣告函數原型。如果找不到函數原型宣告，或宣告的與呼叫的函數不一致，就會出現語法錯誤，若未宣告函數原型，編譯器會出現找不到函數的訊息。

編譯器並不會檢查函數原型的參數名稱，所以宣告時，可省略參數名稱，或使用其他名稱。例如：下列函數原型宣告都是合法的。

```
int add(int a, int b);
int add(int, int);
int add(int x, int y);
```

8.2.5 inline 函數

呼叫函數時，程式的控制權會被轉移給被呼叫的函數，函數執行完後，再將控制權轉回呼叫的函數，若頻繁地呼叫函數，會影響執行效率。提高效率的方法之一，是在函數首行前加上關鍵字 inline，讓編譯器將函數的程式碼直接嵌入到呼叫的函數中，例如：將範例 8.2.3 第 3 行宣告為 inline 函數。

```
inline int add(int a, int b)
```

編譯器執行到第 10 行，呼叫 add(8, 6) 函數時，就會用 add 函數主體的程式碼代替

```
r = add(8, 6);    會被置換成    int c;
                                 c = a + b;
                                 r = c;
```

inline 函數內不能含有複雜的控制語句，如迴圈或 switch 等，所以只有較小且頻繁被呼叫的簡單函數，才適合宣告為 inline 函數。

範例 8.2.5 inline 函數

```
1  #include <iostream>
2  using namespace std;
3  inline int add(int a, int b) {
4     int c;
5     c = a + b;
6     return c;
7  }
8  int main () {
9     int r;
10    r = add(8, 6);
11    cout << "結果是 " << r;
12    return 0;
13 }
```

宣告 add 為 inline 函數，編譯器會將 add 的程式碼直接嵌入到呼叫的函數中

因為 add 是 inline 函數，此行敘述會被置換成
int c; c = a + b; r = c;

8.3 函數與陣列

程式有時需要傳遞陣列資料給函數，例如：陣列的初始化、陣列元素的輸入和輸出、加總、清空等，都可以使用傳遞陣列給函數的方式來完成。

傳遞陣列資料時，並不是直接傳遞整個陣列的記憶體空間，而是傳遞陣列的位址，所以也要將陣列元素的個數傳遞給函數。

例如：宣告一個陣列 int a [6];，可將陣列 a 傳給 sumArray 函數，計算陣列 a 所有元素的和。函數呼叫及定義的方式如下

```
sum = sumArray (a, 6);     int sumArray(int a[], int n)
```

函數的陣列參數可宣告成陣列型態或指標型態，例如：函數 sumArray 可宣告如下，陣列參數可以省略陣列的大小，只要使用空的中括號即可。

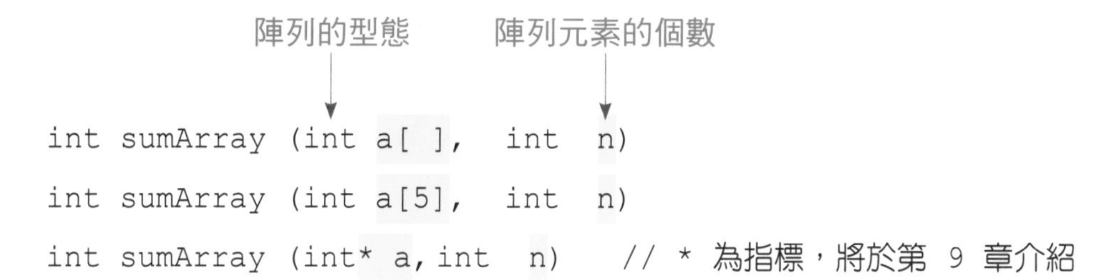

範例 8.3 傳遞陣列參數

設計下列與整數陣列相關的函數

(1) 能讓使用者一一輸入陣列元素的值 (fillArray 函數)

(2) 能輸出陣列所有元素的值 (printArray 函數)

(3) 能計算並回傳陣列元素的和 (sumArray 函數)

(4) 能找出陣列元素的最大值 (largArray 函數)

```
1  #include <iostream>
2  using namespace std;
```

```
 3  void fillArray(int a[], int);
 4  void printArray(int a[], int);
 5  int sumArray (int a[], int);
 6  int largArray(int a[], int);
 7  int N = 8;
 8
 9  int main()
10  {
11     int a[N];
12     cout << " 輸入陣列元素的值 ";
13     fillArray(a, N);
14     cout << " 陣列元素之和為 "
15          << sumArray(a, N) << endl;
16     cout << " 陣列元素之最大值為 "
17          << a[largArray(a, N)];
18     return 0;
19  }
20
21  void fillArray(int a[], int N)
22  {
23     for (int i = 0; i < N; i++)
24        cin >> a[i];
25  }
26
27  void printArray(int a[], int N)
28  {
29     for (int i = 0; i < N; i++)
30        cout << a[i] << " ";
31     cout << endl;
32  }
33
```

函數原型宣告（第 3–6 行）

宣告一個常數做為陣列的大小（第 7 行）

將陣列 a 及其大小 N 傳遞給 sumArray 函數，計算並回傳陣列元素的和（第 15 行）

將陣列 a 及其大小 N 傳遞給 largArray 函數，找尋並回傳最大陣列元素的索引（第 17 行）

輸入陣列元素的值（第 21 行）

輸出陣列元素的值（第 27 行）

```
34  int sumArray(int a[], int N)
35  {
36     int i, sum = 0;
37     for (i = 0; i < N; i++)
38        sum += a[i];
39     return sum;
40  }
41
42  int largArray(int a[], int N)
43  {
44      int i, maxi = 0;
45      for (i = 1; i < N; i++)
46         if (a[maxi] < a[i])
47            maxi = i;
48      return maxi;
49  }
```

計算陣列元素的和，並將結果回傳呼叫的函數

找出陣列元素的最大值，並將結果回傳呼叫的函數

執行結果

```
輸入陣列元素的值 8 6 7 9 11 5 2 10
陣列元素之和為 58
陣列元素之最大值為 11
```

動動腦

下列函數的功能是什麼？

```
void copyArray(int a1[], int s, int a2[], int t, int n)
{
   for (int i = s; i < s + n; i++){
      a2[i] = a1[t];
      t++;
   }
}
```

8.4 變數的範圍

變數是程式執行時，暫時存放資料的記憶體空間，具有時效性。變數的範圍（scope）是指變數可被存取的程式區塊。依宣告的位置，變數可分為：

1. 區域變數（local variables）

   在函數內部宣告的變數，其範圍起始於變數宣告，結束於宣告敘述所在之區塊的右大括號 }。如下圖，變數 a3 在 fun 及 main 函數內有效，變數 a6 在 main 函數內有效。

2. 全域變數（global variables）

   在所有函數（含 main 函數）外部宣告的變數，其範圍起始於宣告後，在程式整個執行過程都是有效的。如下圖，變數 a1, a5 都是全域變數，在宣告後的程式都有效。

   未被設定初始值的全域變數，會被預設為 0，所以 a1 = 0, a5 = 0。屬於全域變數的陣列，其元素預設值也為 0，這和區域變數的預設值是不可預知的不同。

3. 靜態變數（static variables）

   在宣告的最前面使用關鍵字 static 修飾的變數，範圍和未修飾前的變數一樣，只能在宣告的函數內存取，但在整個程式都有效。若沒有設定初始值，靜態變數會自動被設為 0。

   如下圖，靜態變數 a4 在 fun 函數內宣告後，直到程式結束前都有效，但只能在 fun 函數內使用，且其初始值為 0，所以 a4 = 0。

關於變數的範圍，以下有幾個需要注意的事項：

1. 主函數 main 定義的變數，只在 main 中有效。main 不能使用其他函數定義的區域變數。
2. 不同函數可以使用相同名稱的區域變數，例如：函數 main 和 fun 內都可以定義相同的區域變數 a3，但兩者各自獨立，互不影響。

3. 函數的參數屬於區域變數，例如：fun 函數的參數 a2 只在 fun 函數中有效。

4. 全域變數自宣告開始，到程式結束前都可以使用，看似方便，但若宣告一個區域變數，名稱和全域變數相同，此區域變數會影響全域變數的值，造成錯誤結果，此類錯誤除錯難度高，所以應謹慎使用全域變數。

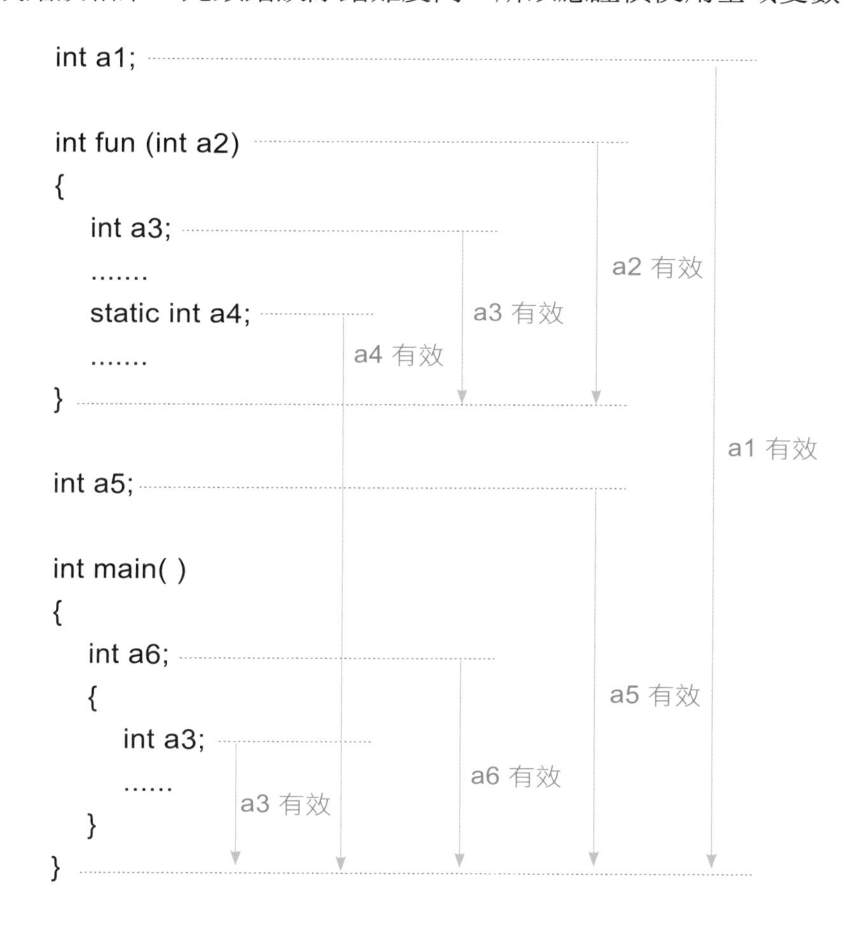

範例 8.4 變數的範圍

請寫出下列程式執行後的輸出結果。

```
1  #include <iostream>
2  using namespace std;
3  int a;                                    宣告全域變數 a
4  void fun() {
5     int b = 0;                             宣告區域變數 b
```

```
6        static int c = 3;          宣告靜態區域變數 c
7        a = a + 1;
8        b = b + 1;
9        c = c + 1;
10       cout << "a = " << a << ", b = " << b << ", c = " << c << endl;
11   }
12   int main( ) {
13       for (int i = 0; i < 3; i++)
14           fun ( );
15       return 0;
16   }
```

追蹤變數 a, b, c 的變化，其中全域變數 a 與靜態變數 c 自宣告後，在整個程式都有效，所以函數呼叫後的值，會保留給下一次呼叫，而區域變數 b 僅在函數 fun 內有效，所以每次呼叫函數時，會再重新設定。

變數 a, b, c 在每次函數呼叫前後的值如下表所示

呼叫函數		全域變數 a	區域變數 b	靜態變數 c
第 1 次呼叫	呼叫前	0	未知	未知
	呼叫後	1	1	4
第 2 次呼叫	呼叫前	1	未知	4
	呼叫後	2	1	5
第 3 次呼叫	呼叫前	2	未知	5
	呼叫後	3	1	6

程式執行結果會顯示

```
a = 1, b = 1, c = 4
a = 2, b = 1, c = 5
a = 3, b = 1, c = 6
```

8.5 多載與範本

8.5.1 多載

多載（overloaded）函數是指名稱相同，但參數個數或型態不同的函數。多載函數可使用於功能相近的函數，例如：下列兩個函數名稱都是 maxn，分別是找出兩整數之最大者，及三個浮點數之最大者。

```
int maxn(int, int);
float maxn(float, float, float);
```

上例的 maxn 函數中，第一個函數的兩個參數都是 int，第二個函數的三個參數都是 float。函數呼叫時，編譯器會根據引數，決定要呼叫那一個函數，如果引數是兩個整數，編譯器會呼叫兩個整數參數的函數，如果引數是三個浮點數，編譯器會呼叫三個浮點參數的函數。

範例 8.5.1 多載函數

```
 1  #include <iostream>
 2  using namespace std;
 3
 4  int maxn(int, int);
 5  float maxn(float, float, float);
 6  int main ()
 7  {
 8     cout << maxn(8, 6) << endl;
 9     cout << maxn(2.5, 3.9, 1.6) << endl;
10
11     return 0;
12  }
13
14  int maxn(int x, int y)
```

此兩函數名稱相同，只有回傳值和參數的型態與個數不同，屬於多載函數

```
15  {
16      return (x > y) ? x : y;
17  }
18
19  float maxn(float x, float y, float z)
20  {
21      float m;
22      m = (x > y) ? x : y;
23      return (z > m) ? z : m;
24  }
```

x 和 y 比較，若 x > y，傳回 x，否則傳回 y

x 和 y 比較，若 x > y，將較大值 m 設為 x，否則設為 y

z 和較大值 m 比較，若 z > m，傳回 z，否則傳回 m

執行結果

```
8, 6 較大者為 8
2.5, 3.9, 1.6 較大者為 3.9
```

請注意，回傳值的型態不能作為判斷函數多載的依據，如下例，若呼叫 fun(1)，編譯器無法判斷應該呼叫那一個函數。

```
int fun(int);
char fun(int);
```

8.5.2 範本

程式設計時，有些函數可能功能都相同，但只有資料型態不同，例如：兩個整數相加和兩個浮點數相加的函數，函數主體相同，參數個數相同，只有資料型態不同，就適合使用函數範本。函數範本（template）實際上是一個通用函數，函數及其參數的資料型態都使用虛擬型態來取代。定義函數範本的語法如下

```
template <class T>
```

以範例 8.2.3 為例，建立函數範本時，只要將函數的 int 改為 T 即可。

```
int add(int a, int b)
{
   int c;
   c = a + b;
   return c;
}
```

建立函數範本

```
template <class T>
T add(T a, T b)
{
   T c;
   c = a + b;
   return c;
}
```

例如：若程式編譯到 add(8, 6) 敘述，編譯器會用 int 取代範本中的虛擬類型 T。若編譯到 add(2.5, 3.5) 敘述，則會使用 float 取代虛擬類型 T，依此類推。

範本的優點是不需定義多個不同資料型態的函數，只需在範本定義一次，程式更簡潔。應注意如果參數個數不同，就不能使用函數範本。

範例 8.5.2 函數範本

```
1  #include <iostream>
2  using namespace std;
3  template <class T>                    建立函數範本 T
4  T add(T a, T b) {
5     T c;
6     c = a + b;
7     return c;
8  }
9  int main () {
10    cout << "8 + 6 = " << add(8, 6) << endl;
11    cout << "2.5 + 3.5 = " << add(2.5, 3.5) << endl;
12    return 0;
13 }
```

8.6 遞迴

8.6.1 遞迴的概念

遞迴（recursion）是指事件由本身所定義者，例如：兩面鏡子面對面平行擺放時，鏡中層層重疊的影像，就是以遞迴的形式出現。

遞迴也是資訊科學的基本觀念，程式中的函數可以呼叫其他函數，也可以呼叫自己，「呼叫自己的函數」就是遞迴函數。

遞迴函數一般可分成直接遞迴和間接遞迴。如下圖左，在 fun 函數的敘述中，直接呼叫 fun 函數，這種函數直接呼叫函數自己的遞迴方式，就是直接遞迴。

另一種遞迴的型式如下圖右，在 fun 函數的敘述中，呼叫另一函數 fun1，而在 fun1 函數的敘述中，又呼叫 fun 函數，這種某一函數先呼叫其他函數，其他函數再呼叫原函數，就是間接遞迴。

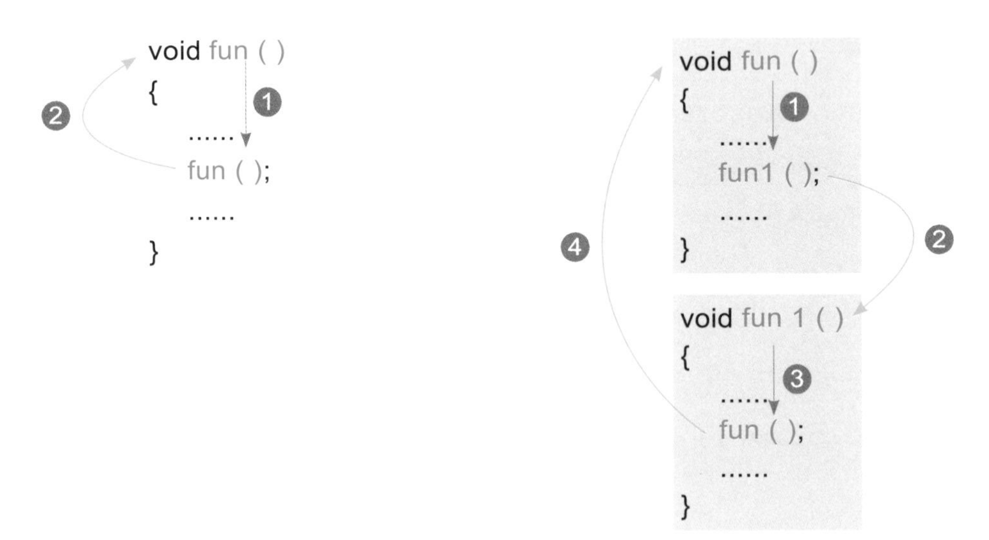

使用遞迴程式解決問題的步驟如下

❶ 決定遞迴關係式 → ❷ 決定終止條件 → ❸ 設計遞迴函數

1. 建立遞迴關係式

   找出問題共通的關係，使函數能反複呼叫自己。

2. 決定終止條件

   遞迴函數會不斷呼叫自己，必須有結束遞迴呼叫的終止條件，否則程式會不斷執行，無法結束。

3. 設計遞迴函數

   遞迴函數的通式如下

```
回傳值資料型態 fun( )
{
    if （終止條件）
        return 結果；
    else
        呼叫 fun 函數；
}
```

遞迴程式的實例很多，下面將列舉兩個實例，說明遞迴程式的設計。

8.6.2 遞迴實例一：1 加到 n 與 n!

前面章節曾使用重複結構解決 1 加到 n 的問題，若要改用遞迴的方式，可定義一個函數 f(n) 如下：

```
f(n) = 1 + 2 + 3 + ………… + (n - 1) + n
f(n-1) = 1 + 2 + 3 + ........ + (n - 1)
所以 f(n) = f(n - 1) + n
```

因為函數 f(n) 是由函數 f(n – 1) 所定義，因此遞迴關係式 f(n) 如下：

$$f(n) = \begin{cases} 1 & \text{，若 } n = 1 \text{（終止條件）} \\ f(n-1) + n & \text{，若 } n > 1 \end{cases}$$

遞迴函數每次執行呼叫自己時，參數範圍必須縮小，直到縮小到終止條件為止。如上例，每遞迴一次，函數 f 的參數 n 就會減 1，直到 n = 1 為止。

範例 8.6.2 遞迴 1 + 2 + … n

使用遞迴程式，求 1 加到 5 的和。

```
 1  #include <iostream>
 2  using namespace std;
 3
 4  int f(int n)
 5  {
 6     if (n == 1)
 7        return 1;             // 終止條件，當 n == 1 時，停止遞迴
 8     else
 9        return f(n - 1) + n;  // 否則執行遞迴關係式
10  }
11
12  int main ()
13  {
14     cout << "f(5) = " << f(5) << endl;   // 呼叫遞迴函數
15     return 0;
16  }
```

執行結果

```
f(5) = 15
```

如下圖，以求 f(5) 之值為例

1. 因為 f(5) = f(4) + 5，所以要先取得 f(4) 的值
2. 因為 f(4) = f(3) + 4，所以要先取得 f(3) 的值
3. 因為 f(3) = f(2) + 3，所以要先取得 f(2) 的值
4. 因為 f(2) = f(1) + 2，f(1) = 1 為終止條件，所以停止遞迴呼叫
5. 程式將 f(1) 的值 1 傳回，得到 f(2) = f(1) + 2 = 1 + 2 = 3
6. 程式將 f(2) 的值 3 傳回，得到 f(3) = f(2) + 3 = 3 + 3 = 6
7. 程式將 f(3) 的值 6 傳回，得到 f(4) = f(3) + 4 = 6 + 4 = 10
8. 程式將 f(4) 的值 10 傳回，得到 f(5) = f(4) + 5 = 10 + 5 = 15

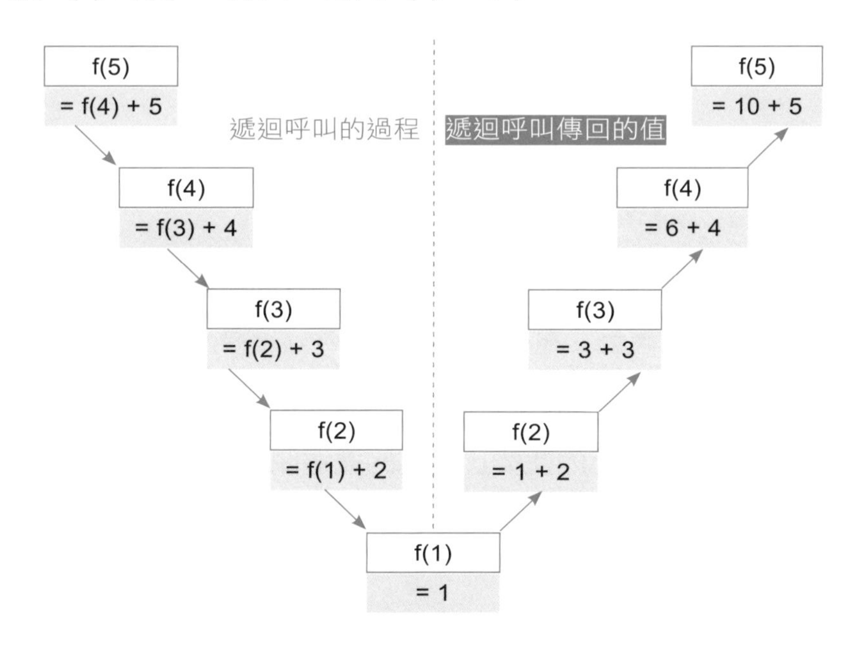

在數學上，n!（n 階層）的定義如下

n! = 1×2×……×(n - 1)×n

依照上述方法，可以定義 n! 的遞迴關係式 f(n) 如下

$$f(n) = \begin{cases} 1 & \text{，若 } n = 1 \text{（終止條件）} \\ n * f(n-1) & \text{，若 } n > 1 \end{cases}$$

所以只要將範例 8.6.2 函數 f 傳回的值更改如下，就是求 n! 的程式。

```
return n * f(n - 1);
```

8.6.3 遞迴實例二：費氏數列

另一個遞迴的例子是費氏數列（Fibonacci number）。費氏數列是由義大利數學家費伯納西在 1202 年提出的，當時他提出了一個有趣的問題：

> 若一對兔子出生兩個月後，可以生一對小兔子，以後每個月可再生一對小兔子。若現在有一對剛生下來的小兔子，一年後會有幾對兔子？

使用樹狀圖來分析這個問題，先追蹤前 5 個月的兔子數

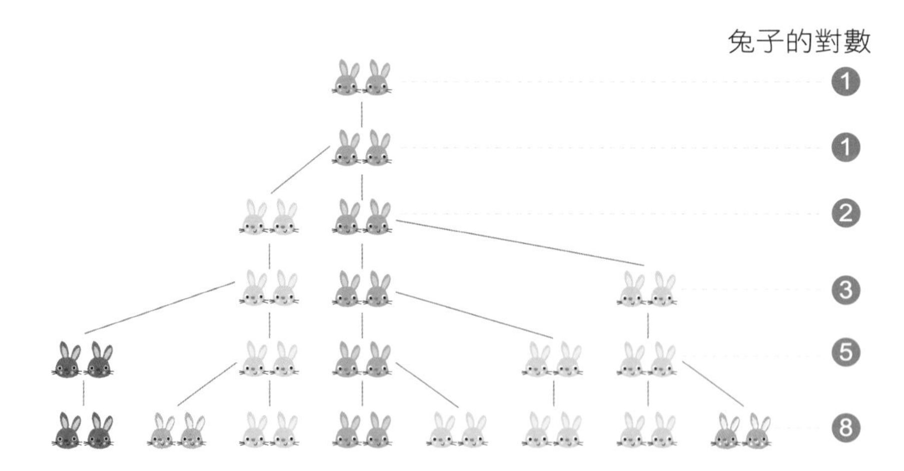

若以 fib(n) 代表第 n 個月的兔子數量，因此 fib(0) = 0，fib(1) = 1，之後下一項的值為前二項值之和，因此費氏數列的遞迴關係式可表示如下

$$\text{fib}(n) = \begin{cases} 0 & \text{，若 } n = 0 \\ 1 & \text{，若 } n = 1 \\ \text{fib}(n-1) + \text{fib}(n-2) & \text{，若 } n > 1 \end{cases}$$

其中 n = 0 和 n = 1 為中止條件。

根據遞迴關係式，可推得一年後的兔子數。

n	0	1	2	3	4	5	6	7	8	9	10	11	12
fib(n)	0	1	1	2	3	5	8	13	21	34	55	89	144

範例 8.6.3 費氏數列

顯示費氏數列第 1 – 15 項。

```
 1  #include <iostream>
 2  using namespace std;
 3  int fib(int);
 4  main()
 5  {
 6     int i;
 7     for (i = 0; i < 15; i++)
 8        cout << "fib(" << i << ") = " << fib(i) << "\t";
 9  }
10  int fib (int n)            定義遞迴函數
11  {
12     if (n <= 1)             中止條件，當 n <= 1 時，停止遞迴
13        return n;
14     else                    否則執行遞迴關係式
15        return fib (n - 1) + fib (n - 2);
16  }
```

執行結果

```
fib(0) = 0     fib(1) = 1     fib(2) = 1     fib(3) = 2
fib(4) = 3     fib(5) = 5     fib(6) = 8     fib(7) = 13
fib(8) = 21    fib(9) = 34    fib(10) = 55   fib(11) = 89
fib(12) = 144  fib(13) = 233  fib(14) = 377
```

所有遞迴程式都可以使用重複結構改寫，費氏數列也可使用重複結構來產生，如以下範例。

範例 8.6.3-2 費氏數列（重複結構）

使用重複結構顯示費氏數列第 1 – 15 項。

解題方法

第 i - 2 項	第 i - 1 項	第 i 項
a	b	
a	❶ (temp =) b	
	❸ a (= temp)	❷ b (= a + b)

1. 先將 b 值暫存到變數 temp，所以 temp = b。
2. 因為新的 b 值為前兩項的和，所以 b = a + b。
3. 再將 b 原來的值 (temp) 指定給 a，所以 a = temp。

```
1  #include <iostream>
2  using namespace std;
3
4  int main()
5  {
6      int a = 0, b = 1;        // 宣告變數 a 為前面第 2 項，b 為前一項
7          int i, temp, N = 12;
8
9          cout << "f(1) = 1" << endl;
10         for (i = 2; i <= N; i++)
11         {
12             temp = b;        // 將前一項 b 先存到變數 temp
13             b = a + b;       // 將前面第 2 項 a 與前一項 b 相加後，指定給 b
14             a = temp;        // 將原來前一項 temp 變成前面第 2 項 a
15             cout << "fib(" << i << ") = " << b << endl;
16     }
17     return 0;
18 }
```

動動腦

第 12 - 14 行程式如果改寫成下方程式碼，請問空格內應該填入甚麼程式碼？

```
temp = a + b;
________= a;
________;
```

和使用重複結構相較時，遞迴程式在設計方法上，較簡單直覺，但遞迴程式會有下列缺點：

1. 效率較差

因為遞迴程式需要重複呼叫函數多次，會不斷轉換程式的控制權，若函數具有參數，也需不斷複製參數，所以效能較差。

2. 需較多記憶體空間

因為每一次遞迴呼叫時，都要將原來的變數與參數等資料儲存起來，所以遞迴次數越多，所需的記憶體空間就需愈大。

學習挑戰

一、選擇題

1. (　　) 下列何種資料結構可實現程式的模組化？

   (A) 函數　(B) 陣列　(C) 字串　(D) 指標

2. (　　) 下列那一個關鍵字表示函數沒有回傳值？

   (A) NULL　(B) void　(C) int　(D) type

3. (　　) 執行下列程式片段後，c 值為

```
add(int a, int b) {
    int c;
    c = a + b;
}
```

```
int main () {
    int c = 0;
    add(8, 6);
    return 0;
}
```

   (A) 8　(B) 6　(C) 0　(D) 14

4. (　　) 下列何者會讓編譯器將函數的程式碼直接嵌入到被呼叫的函數？

   (A) inline　(B) online　(C) template　(D) class

5. (　　) inline 函數適用於下列何種情形？

   (A) 複雜的控制語句　(B) 多重迴圈結構
   (C) switch 結構　(D) 較小且頻繁被呼叫的簡單函數

6. (　　) 靜態變數是在宣告的最前面使用那一個關鍵字修飾的變數？

   (A) register　(B) static　(C) cast　(D) temp

7. (　　) 下列那一種函數是指名稱相同，但參數個數或型態不同的函數？

   (A) inline 函數　(B) 多載函數　(C) 範本函數　(D) 內建函數

8. (　　) 有關遞迴程式的敘述，下列何者錯誤？

   (A) 執行效能較好　(B) 需較多記憶體空間
   (C) 設計上較簡單直覺　(D) 程式效能分析較容易

9. (　　) 呼叫下列函式 g(13)，其回傳值為何？

```
int g(int a) {
    if (a > 1)
        return g(a - 2) + 3;
    return a;
}
```

(A) 16　　(B) 19　　(C) 22　　(D) 24

10. (　　) 呼叫下列函式 a(13,15)，其回傳值為何？

```
int a(int n, int m ) {
    if (n < 10) {
        if (m < 10)
            return n + m;
        else
            return a(n, m-2) + m;
    }
    else
        return a(n-1, m) + n;
}
```

(A) 90　　(B) 103　　(C) 93　　(D) 60

11. (　　) 有一函數定義如下，c(4, 2) =

```
int c(int n, int k) {
    if (k > n)
        return 0;
    else if (k == 0 || n == k)
        return 1;
    else
        return c(n-1, k-1) + c(n-1, k);
}
```

(A) 6　　(B) 8　　(C) 4　　(D) 12

12.(　　) 執行下列 F(7) 函數後，回傳值為 12，則空白處為何？

```
int F(int a) {
    if (          )
        return 1;
    else
        return F(a - 2) + F(a - 3);
}
```

(A) a < 3　　(B) a < 2　　(C) a < 1　　(D) a < 0

13.(　　) 執行下列 G(1) 函數後，輸出結果為何？

```
void G (int a){
    cout << a;
    if (a >= 3)
        return;
    else
        G(a+1);
    cout << a;
}
```

(A) 1 2 3　　(B) 1 2 3 2 1　　(C) 1 2 3 3 2 1　　(D) 1 2 3 2

14.(　　) 執行下列 G(3, 7) 函數後，回傳值為何？

```
int G (int a, int x) {
    if (x == 0)
        return 1;
    else
        return (a * G(a, x - 1));
}
```

(A) 128　　(B) 2187　　(C) 6561　　(D) 1024

二、應用題

1. 寫一程式，能傳回一整數的正負號，正值傳回 1，負值和 0，0 傳回 0。

2. 寫一程式，使用函數，找出 m, n 兩數間的所有質數。

3. 平面座標上兩點 (a, b) 與 (c, d) 的距離 $d = \sqrt{(a - c)^2 + (b - d)^2}$，寫一程式，使用函數，輸入兩點座標後，能輸出兩點的距離。

4. (1) 請說明下列函式為 m, n 兩數之最大公因數 gcd 的遞迴式。

$$\text{gcd (m, n)} = \begin{cases} m & \text{，若 } n = 0 \\ \text{gcd (n, m \% n)} & \text{，若 } n != 1 \end{cases}$$

   (2) 寫一程式，能計算任兩正整數之最大公因數。

   (3) 寫一程式，能計算 a, b 兩數的最小公倍數 lcm。
   （a×b = 最大公因數 × 最小公倍數）

5. 寫一程式，輸入三正整數，能輸出此三數之最大公因數與最小公倍數。可利用 gcd(gcd(a, b), c) 求三數之最大公因數。

6. 若年利率為 r，存入本金 x 元，第 n 天後，存款變成 $x(1 + r/365)^n$，寫一程式，能完成以下功能：

   (1) 輸入本金與天數後，能輸出存款變成多少？

   (2) 輸入第 n 天後的存款，能輸出要存入多少本金？

7. 若 A, B 為整數，能整除 A 的所有正數和（包括 1，但不包括本身），等於能整除 B 的所有正數和，則 A, B 二數為 "friendly"。

   例如：220 和 284，能整除 220 的所有正數和為 1 + 2 + 4 + 5 + 10 + 11 + 20 + 22 + 44 + 55 + 110 = 284。

   能整除 284 的正數和為 1 + 2 + 4 + 71 + 142 = 220。

   以函式設計，找出 1 ～ 500 所有 "friendly" 的整數。

CHAPTER 09

指標

本章學習重點

- 記憶體的位址
- 指標
- 指標與陣列
- 函數參數的傳遞
- 使用指標之字串

本章學習範例

- 範例 9.1.2　參考型態
- 範例 9.2.4　指標初始化
- 範例 9.3.1　指標與陣列
- 範例 9.4.1　傳值呼叫
- 範例 9.4.2　傳址呼叫
- 範例 9.4.3　傳參考呼叫
- 範例 9.5　字串合併

9.1 記憶體的位址

9.1.1 位址的概念

變數會對應到一個記憶體位置，使用者並不需知道此位址，透過變數名稱，就可以直接存取此變數之記憶體位置的內容。許多高階語言只提供使用變數直接存取記憶體，但 C/C++ 提供使用位址間接存取記憶體內容的方法。

在 C/C++ 中，記憶體可視為是許多連續排列的儲存單元，每個單元大小為 1 byte，且有一個唯一的位址（address）。要儲存比 1 byte 大的資料，可使用多個連續的單元。

變數的資料型態會決定變數所分配到的記憶體大小，如下圖，整數 i 的值為 6，使用 4 個單元儲存，記憶體位址為 2001~2004；字元 ch 的值為 A，使用 1 個單元儲存，記憶體位址為 2007。

變數名稱		i						ch		
值		6						A		
位址	2000	2001	2002	2003	2004	2005	2006	2007	2008	2009

我們可以把記憶體想像成是排列整齊的置物櫃，透過置物櫃的編號，可以存取櫃內的物品。置物櫃的編號就是記憶體的位址，透過記憶體位址，可以存取某個位址的內容，就是間接存取記憶體內容的方法，如上例，透過位址 2001，就能存取到變數 i 的值 6。

9.1.2 取址運算子 &

取址運算子和 AND 位元運算子都是 &，但意義並不相同。取址運算子 & 能取得某一變數的位址，語法如下

```
& 變數名稱
```

若變數 myvar 的位址為 2001，執行下列敘述

```
myvar = 5;
foo = &myvar;
tmp = myvar;
```

& 運算子可取得變數的位址，所以第 2 行 &myvar 可取得 myvar 的位址 2001，&myvar = 2001，因此 foo 的值為 2001。第 3 行 tmp = myvar 則是一般指定運算，並不涉及記憶體位址。記憶體配置的情形如下圖所示

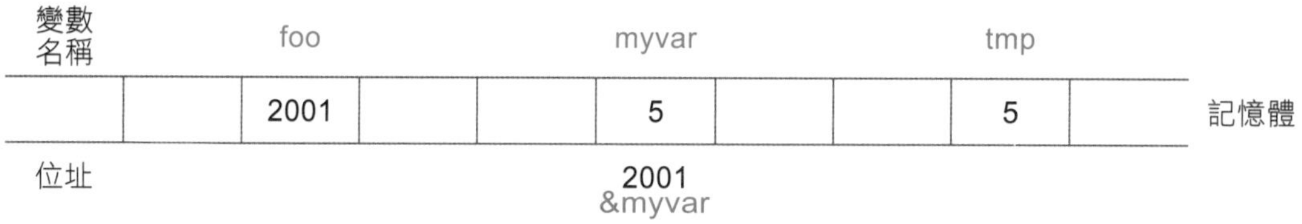

變數名稱			foo			myvar			tmp		
			2001			5			5		記憶體
位址						2001 &myvar					

取址運算子 & 只能用於取出記憶體位址，不能用於運算式。例如：下列敘述是不合法的

```
&(a + 2);   &(--i);      &8;
```

在 C++ 中，& 也能作為一種參考（reference）型態，表示直接取得某一變數的位址，可以把它當成是某一變數的別名（alias），別名的意思是指同一物件，但有不同的名稱。例如：

```
int b = 5;
int& a = b;
```

其中 int& 是宣告整數位址的參考型態，int& a = b 是將 b 的位址指定給 a 的位址，所以 a, b 具有相同的位址，因此 a, b 雖然名稱不同，但是指同一個整數，a 是 b 的別名，所以 a 的值會是 5。a, b 其中一者的值改變，另一者會跟著一起改變。請注意，C 語言並沒有參考型態。

記憶體位址的配置是由作業系統負責，不同電腦執行同一支程式，可能會因為硬體、作業系統、或軟體不同，配置到不同的記憶體位址。即使在同一台電腦執行，也可能會因為執行的程式不同，配置到不同的位址。

範例 9.1.2 參考型態

```
1  #include <iostream>
2  using namespace std;
3
4  int main()
5  {
6      int b = 5;
7      int& a = b;          // 宣告整數 a 是一個位址的參考型態，a, b 是同一變數，a 是 b 的別名
8
9      a = 6;               // 改變 a 值，也會一起改變 b 值
10     cout << b << endl;
11
12     return 0;
13 }
```

執行結果

```
6
```

9.2 指標

9.2.1 指標的意義

指標（pointer）是一種變數，用來儲存另一個變數的記憶體位址。如下圖，若 ptr 是一個指向變數 i 的指標，ptr 儲存的值是變數 i 的位址 2001。我們可以把指標看成是「指向一個位址已被儲存的變數」，所以指標使用間接的方式存取變數。

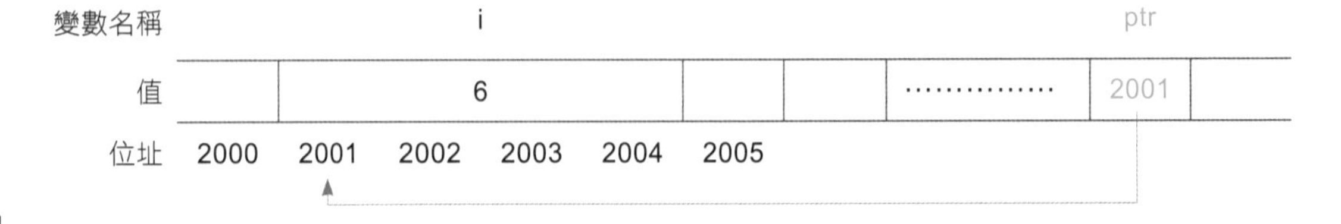

指標是 C/C++ 有別於其他語言的特點之一，因為指標能更接近記憶體，編譯器可以較容易地將指標轉譯成機器語言，所以可提高程式的執行效率。不使用指標的 C/C++ 程式，就和其他語言的程式差異不大，所以學習 C/C++，應學會與善用指標。

指標應用的範圍很廣，包含陣列與字串、傳遞函數參數的位址、一次傳回函數的多個值、動態記憶體配置（dynamic memory allocation）、資料結構（data structure），如鏈結串列（linked list）、樹（tree）、圖（graph）等都會用到指標。

9.2.2 指標的宣告

宣告指標時，需在變數名稱前加上 * 號，指標的 * 和乘法的 * 意義不同。宣告語法如下

```
資料型態* 變數名稱;
```

例如：宣告一個指標 ptr 如下

```
int* ptr;
```

表示 ptr 是一個整數指標。ptr 有以下兩種含意

1. ptr 是一個指向某一整數的指標
2. ptr 儲存的是某一整數的位址

其他指標宣告的例子如下

```
char* ch;
   // 宣告 ch 為指向某一字元的指標，ch 儲存的是某一字元的位址
double* dec;
   // 宣告 dec 為指向某一雙精度浮點數的指標，
   // dec 儲存的是某一雙精度浮點數的位址
```

同時宣告多個指標時，必須每個變數前面都加上 * 號，例如：同時宣告三個指標變數 x, y, z

```
int* x, * y, * z;
```

以下宣告方式，只有變數 x 會是指標，y, z 會是整數變數。

```
                           int *x;
int* x, y, z;  ─────────►  int y;
                           int z;
```

9.2.3 取值運算子 *

和取址運算子 & 相對的是取值運算子 *。使用取值運算子 *，可以直接存取指標所指向之變數的值。格式如下：

```
* 指標變數
```

若 ptr 是指標，ptr 的內容是一個位址，使用 *ptr 可以取得 ptr 指向之位址的內容，所以 *ptr 代表變數的值。

如下圖，若 ptr 的值是 2001，位址 2001 的內容是 6，所以 *ptr 是 6。

取址運算子 & 不可用於運算式，但取值運算子 * 可用於運算式。& 和 * 的優先權低於遞增 ++ 與遞減 --，高於算術運算。

高		低
遞增或遞減 ++ --	取址或取值運算子 & *	算術運算子 + - * /

```
*ptr + 1;  //* 優先權高於 +，所以 *ptr + 1 → (*ptr) + 1
*ptr++;    //++ 優先權高於 *，所以 *ptr++ → *(ptr++)
```

因為容易混淆，所以取值運算子 * 和 ++, -- 運算子一起使用時，最好使用小括號 ( )，排定運算的順序。例如：

*p++	等於 *(p++)，位址 p 會先加 1，再取新位址 p 所指向的變數
*++p	等於 *(++p)，位址 p 會先加 1，再取新位址 p 所指向的變數
++*p	等於 ++(*p)，位址 p 所指向的變數值會 + 1

9.2.4 指標的初始化

指標宣告時，並未指向任何位址，因此使用前，需進行初始化。因為指標儲存的是另一個變數的位址，若此變數不存在，指標便沒有意義。指標宣告與初始化的步驟與實例如：下

步驟	實例
1. 宣告一個指標	int* ptr;
2. 宣告一個變數	int x;
3. 將變數的位址（& 變數）指定給指標	ptr = &x;
4. 將初始值指定給「* 指標」	*ptr = 100;

第一行 int* ptr;

宣告一個整數指標 ptr，但 ptr 尚未指向任何位址

ptr

記憶體

位址

第二行 int x;

宣告一個整數變數 x，系統會在記憶體劃出一塊區域儲存 x，其位址為 &x

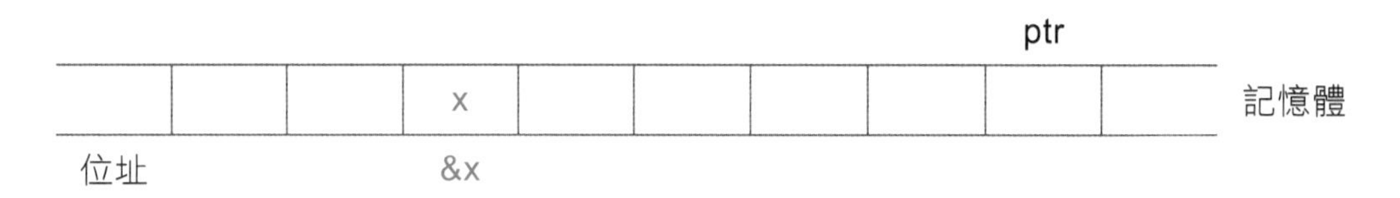

第三行 ptr = &x;

將變數 x 的位址 &x 指定給指標 ptr，所以 ptr 會指向 x，*ptr 是 x 的別名

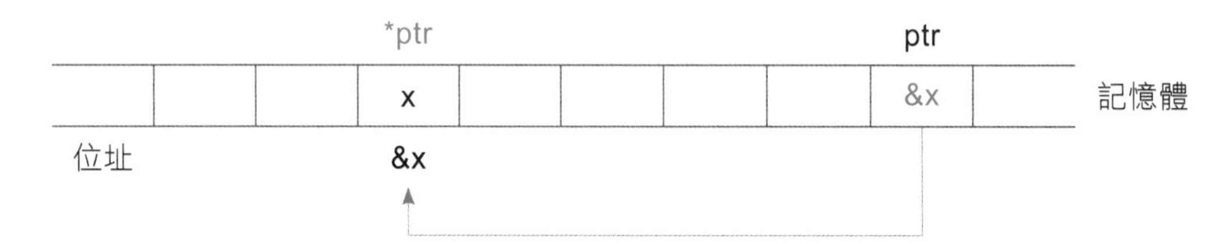

第四行 *ptr = 100;

將初始值 100 指定給指標所指向的值 *ptr，所以 x 的值也會是 100

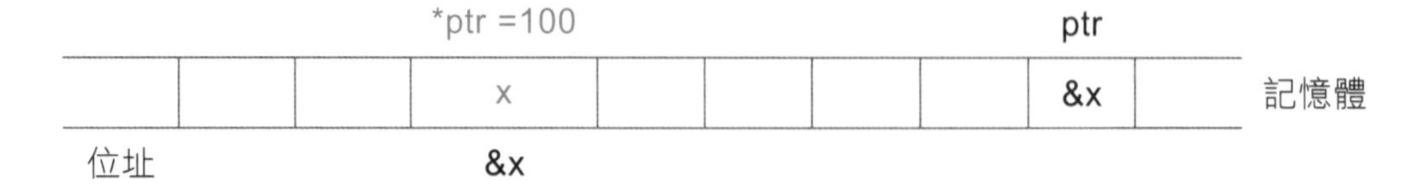

上例程式碼的第 1, 3 行敘述可以合併成一行

```
int x;
int* ptr = &x;
  // 宣告一個整數指標 ptr，並將變數 x 的位址 &x 指定給指標 ptr
*ptr = 100;
```

指標初始化的其他性質包含

1. 不能直接指定一個值或變數給指標的值，例如：

```
int* ptr;
*ptr = 100;        // 錯，不能直接指定一個值 100 給指標
```

編譯器不知道 100 存在那個記憶體位址，所以無法指定一個位址給 ptr。

2. 不能直接指定變數值給指標，例如：

```
int x = 100;
*ptr = x;
   // 錯，不能直接指定 x 的值給指標，必須是 ptr = &x;
```

3. 指標的資料型態要和指向之變數的資料型態一致，例如：

```
int x;
int* ptr = &x;  // x 和 *ptr 都必須是 int，否則會編譯錯誤。
```

4. 指標初始化時，可以使用空指標（null pointer）0 或 NULL，表示不指向任意地方。0 是 NULL 的意思，不是數值 0。例如：

```
int* ptr = 0;   或   int* ptr = NULL;
```

5. 指標宣告的格式有很多種，下列幾種方式都是合法的

```
int* ptr;     int * ptr;     int *ptr;     int*ptr;
```

其中第一種方法 int* 表示宣告一個指向整數的指標，ptr = &x 表示將變數 x 的位址指定給指標 ptr。這樣較容易了解指標的含義，不會造成混淆；同理，也可以使用類似的格式宣告參考型態 int& a = b。

以下將使用一段程式碼，說明指標運作的過程。若 x, y, ptr 的位址分別為 100, 200, 500，依序執行下列敘述，各敘述執行結果如下圖

```
int x = 1, y = 2;
int* ptr;
ptr = &x;
y = *ptr;
x = ptr;
*ptr = 5;
```

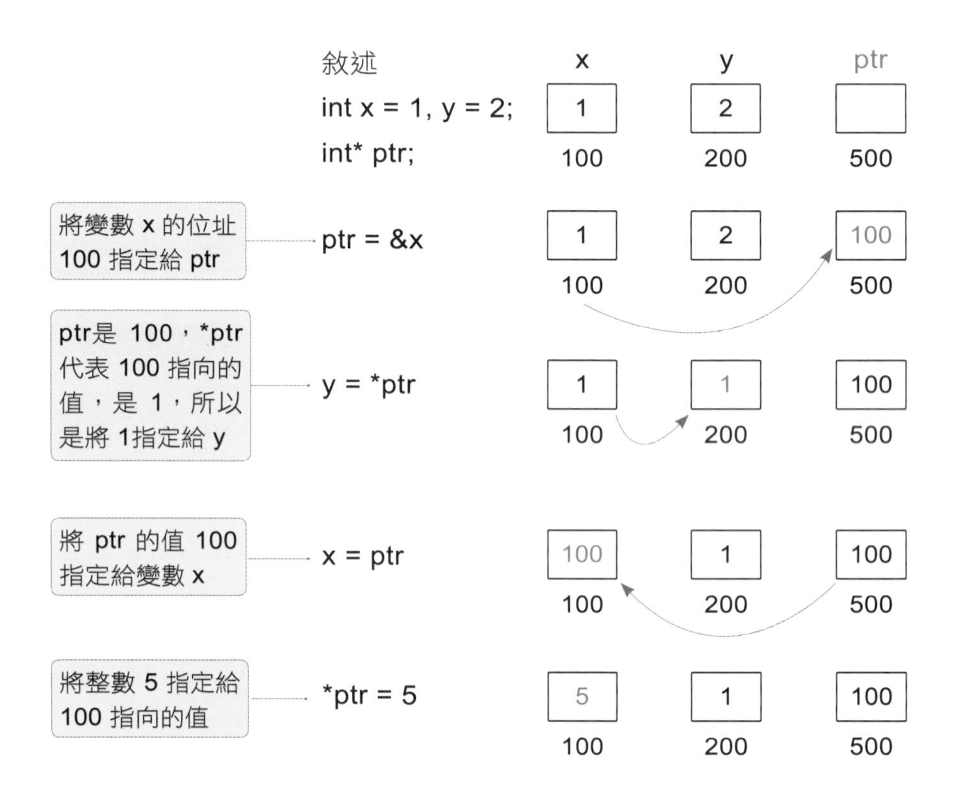

最後可得 x = 5, y = 1, ptr = 100, *ptr = 5。

範例 9.2.4 指標初始化

執行下列指標初始化敘述後，

```
int i = 100, j =200;
int* prti = &i, * prtj = &j;
```

輸出 &i, &j, ptri, ptrj, *ptri, *ptrj, &ptri, &ptrj 的值。

```
 1  #include <iostream>
 2  using namespace std;
 3
 4  int main()
 5  {
 6      int     i = 100, j =200;
 7      int* prti = &i, * prtj = &j;
 8      cout << "i = " << i << "     j = " << j << endl
 9           << "&i = " << &i << " &j = " << &j << endl
10           << "ptri = " << prti << " prtj = " << prtj << endl
11           << "*prti = " << *prti << " *ptrj = " << *prtj << endl
12           << "&ptri = " << &prti << " &ptrj = " << &prtj << endl;
13
14      return 0;
15  }
```

執行結果

```
i = 100 j = 200
&i = 0x28feec          &j = 0x28fee8
ptri = 0x28feec        prtj = 0x28fee8
*prti = 100            *ptrj = 200
&ptri = 0x28fee4       &ptrj = 0x28fee0
```

9.2.5 & 與 * 比較

取址運算子 & 和取值運算子 * 的比較如下：

運算子	意義	讀　法	實　例
&O	取址	可讀成「O 的位址」	&a 可讀成「a 的位址」
*O	取值	可讀成「O 指向的值」	*ptr 可讀成「ptr 指向的值」

下例中，若 myvar 的位址（&myvar）為 2001

```
int myvar = 5;
int* ptr = &myvar;
```

則

```
ptr 的值是 2001
*ptr 的值是 5，*ptr 是 myvar 的別名
```

所以

```
&*ptr == &(*ptr) == &myvar == ptr
```

因此 &* 可視為可以互相抵消。

9.3 指標與陣列

9.3.1 陣列指標的宣告及初始化

一個陣列包含若干個元素，每個元素都會占用記憶體空間，所以都有相對的位址。在 C/C++ 中，陣列名稱代表陣列第一個元素的位址，所以可使用指標，指向陣列名稱。

例如：宣告一個指標 p，指向陣列 a 的敘述如下：

```
int a[5]; // 宣告一個整數陣列 a，a 有 5 個元素
int* p;   // 宣告一個整數指標 p
p = a;    // 將 p 指向陣列 a 的第一個位址（a 或 &a[0]）
```

指標 p 和陣列的關係如下圖

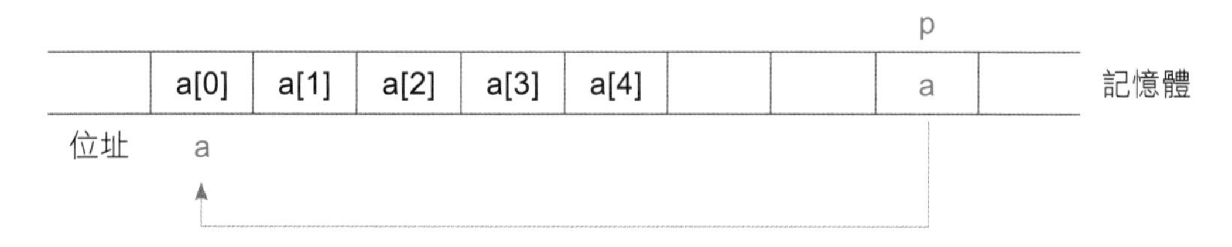

上例的第 2, 3 行可合併，因此陣列指標的宣告及初始化如下

```
int a[5];
int* p = a;
```

使用指標 p 指向陣列名稱 a 的原因是，指標 p 可以被修改，陣列名稱 a 是固定的，不能被修改，因為修改 a，會使陣列 a 的起始位址被改變，造成陣列資料的遺失。p + 1 會指向同一陣列的下一個元素 a[1]，依此可推得

p + i	和	a + i	都是	a[i]	的位址	&a[i]
*(p + i)	和	*(a + i)	都是	a[i]	的值	

所以陣列元素的位址可用「指標 + 數字」來表示，例如：a + 2 或 p + 2 表示第 3 個元素的位址，*(a + 2) 或 *(p + 2) 表示第 3 個元素的值。依此類推，陣列 a 各元素之指標位址與元素值如下圖所示

指標或位址	p a &a[0]	p + 1 a + 1 &a[1]	p + 2 a + 2 &a[2]	……………	p + i a + i &a[i]	……………	p + n - 1 a + n - 1 &a[n – 1]
元素值	*p p[0] *a	*(p + 1) p[1] *(a + 1)	*(p + 2) p[2] *(a + 2)	……………	*(p + i) p[i] *(a + i)	……………	*(p + n – 1) p[n-1] *(a + n – 1)
	a[0]	a[1]	a[2]	……………	a[i]	……………	a[n – 1]

範例 9.3.1 指標與陣列

用指標初始化一個大小為 10 的陣列 a，並設定 a[i] = i。再用指標變數將此陣列元素顯示出來。

```
1  #include <iostream>
2  using namespace std;
3  int main()
4  {
5      int a[10], i, * p;
6      p = a;                          將指標 p 指向陣列 a 的起始位址
7      for (i = 0; i < 10; i++)
8          *(p + i) = i;               等同 p[i] = i 或 a[i] = i
9      for (i = 0; i < 10; i++)
10         cout << *(p + i) << "   ";
11     return 0;
12 }
```

執行結果

```
0 1 2 3 4 5 6 7 8 9
```

9.3.2 指標的算術運算

指標若要進行算術運算，只能使用加法減法或求位址的差值，例如：+,++, +=, -, --, -=。指標 +1 表示「記錄的位址 + 資料型態的 bytes 數」。指標 -1 表示「記錄的位址 - 資料型態的 bytes 數」。例如：宣告一個整數指標

```
int* p;
```

如下圖，若 p 為 2001，p++ 並不是 2001 + 1，因為整數 int 占 4 bytes，每個記憶單元為 1 byte，所以 p++ 會將位址 2001 加 4，變成 2005。

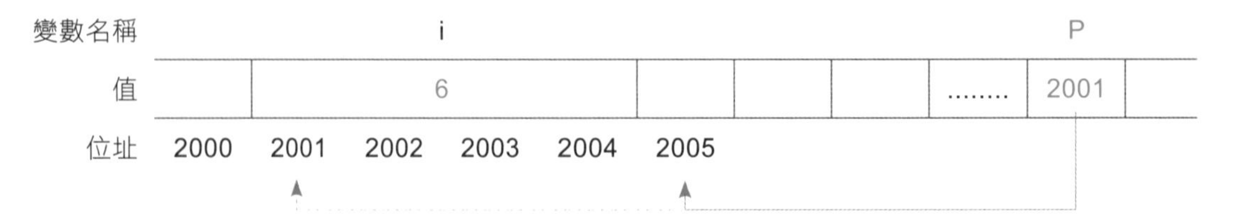

同理 p += 3 時，指標 p 會變成 2001 + 4 * 3 = 2013。

9.4 函數參數的傳遞

9.4.1 傳值呼叫

參數傳遞是指將函數外的引數傳遞給函數的參數，再由函數主體進行處理。參數傳遞的方法有傳值呼叫（call by value）、傳址呼叫（call by address）、傳參考呼叫（call by reference）三種。

傳值呼叫是呼叫的函數把要傳遞的引數值，複製一份傳給被呼叫函數的參數。因為使用複製的方式，所以引數和參數彼此不會互相影響，第 8 章介紹的參數傳遞都屬於傳值呼叫。

如下例，將兩數交換的程式改寫成 swap 函數，可從執行結果，觀察函數呼叫前後，a, b 兩數是否改變。

範例 9.4.1 傳值呼叫

兩數交換，使用傳值呼叫。

```
1  #include <iostream>
2  using namespace std;
3
4  void swap(int, int);
5  int main()
6  {
7     int a, b;
8
9     cout << " 輸入 a, b 兩個整數 ";
10    cin >> a >> b;
11    swap (a, b);
12    cout << " 兩個整數交換後 a = " << a << "\tb = " << b << endl;
13
```

（第 4 行註解：宣告函數原型 swap）

（第 11 行註解：呼叫 swap 函數，將 a, b 兩個引數傳給 swap 函數）

```
14      return 0;
15  }
16
17  void swap (int i, int j)
18  {
19      int temp = i;
20      i = j;
21      j = temp;
22  }
```

定義一個 swap 函數，使用傳值呼叫，執行 i, j 兩數交換

執行結果

```
輸入 a, b 兩個整數 2 6
兩個整數交換後 a = 2    b = 6
```

範例 9.4.1 參數傳遞的方式如下圖，函數之參數使用引數來初始化，所以參數 i, j 的初始化如右邊方塊所示，因此傳值呼叫是將引數 a, b 的值，複製給參數 i, j，所以函數內 i, j 的運算，並不會影響 a, b 的值。

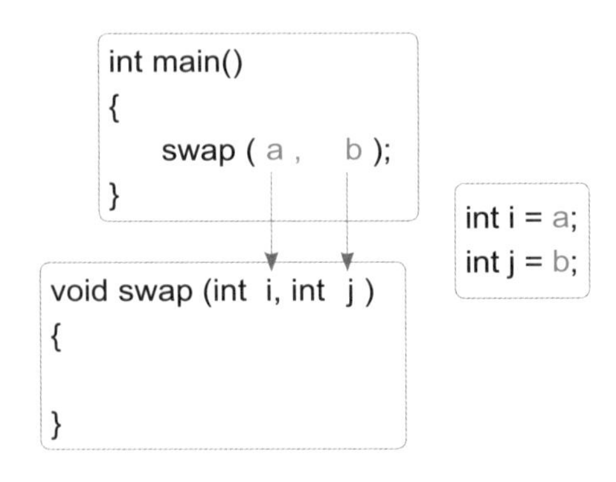

9.4.2 傳址呼叫

如下圖，將某一函數 fun 的參數宣告成 int* ptr，呼叫的引數設成 &n。函數呼叫時，&n 會被指定給 *ptr，意義等同 int* ptr = &n，此運算式和指標宣告相同，表示 ptr 是指向 n 的指標，*ptr 是 n 的別名，所以 *ptr 和 n 會一起改變。

```
int main()
{
    fun ( &n );
}

void fun ( int* ptr )
{

                        int* ptr = &n;
```

將呼叫函數的引數位址（&n），傳遞給被呼叫函數的指標參數，就是傳址呼叫（call by reference），傳址呼叫傳遞的是變數的位址，而非變數的值。

傳值呼叫與傳址呼叫最大不同是，傳值呼叫呼叫前後的引數值不會改變，傳址呼叫呼叫後的引數值則會隨函數參數值而變。將範例 9.4.1 改寫如下，可將函數內兩數交換的值，傳回 main 函數。

```
第 11 行 swap (&a, &b);
                                          int* i = &a ;
                                          int* j = &b ;
第 17 行 void swap (int* i, int* j)
```

範例 9.4.2 傳址呼叫

兩數交換，使用傳址呼叫。

```
1  #include <iostream>
2  using namespace std;
3  void swap(int* , int* );        宣告函數原型 swap
4  int main()
```

```
 5  {
 6      int a, b;
 7      cout << "輸入 a, b 兩個整數 ";
 8      cin >> a >> b;
 9      swap(&a, &b);            // 傳址呼叫，將 a, b 兩數的位址傳遞給 swap 函數
10      cout << "兩個整數交換後 a = " << a << "\tb = " << b << endl;
11      return 0;
12  }
13
14  void swap(int* i, int* j)    // 定義 swap 函數，將參數設為指標 i, j
15  {
16      int temp;
17      temp = *i;
18      *i = *j;
19      *j = temp;
20  }
```

交換 *i, *j 兩數，因為是傳址呼叫，所以 *i 是 a 的別名，*j 是 b 的別名，*i 會和 a 一起改變，*j 會和 b 一起改變。

執行結果

```
輸入 a, b 兩個整數 2 6
兩個整數交換後 a = 6    b = 2
```

動動腦

上例兩數交換的 swap 函數改用 ^= 運算子時，第 17 - 19 行程式碼需改寫成甚麼？

9.4.3 傳參考呼叫

另一種參數傳遞的方式是傳參考呼叫，也就是將函數的參數宣告成參考型態，因此函數的引數便會隨函數參數而變。如下圖，將函數 fun 的參數宣告為 int& m，呼叫的引數為 n。函數呼叫時，n 會被指定給 &m，意義等同 int& m = n，此運算式表示 m 是 n 的別名，所以兩者會一起改變。

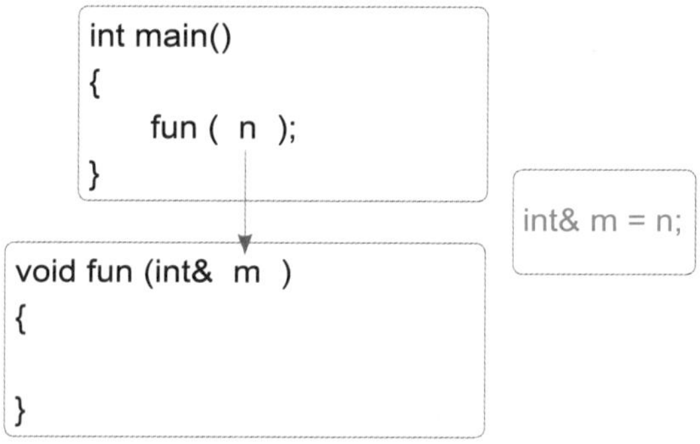

```
int main()
{
    fun ( n );
}
```

```
void fun (int& m )
{

}
```

```
int& m = n;
```

如下圖，可將範例 9.4.1 的 swap 函數改寫如下，使用傳參考呼叫，將函數內兩數交換的值，傳回 main 函數。傳參考呼叫是最簡潔，且效能和傳址呼叫一樣好的方法。

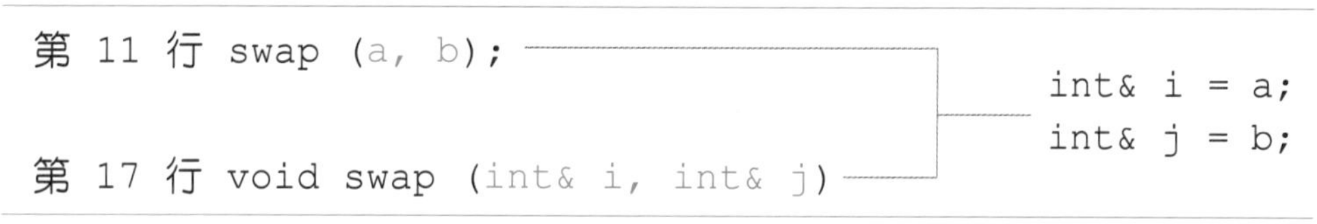

```
第 11 行 swap (a, b);                          int& i = a;
第 17 行 void swap (int& i, int& j)            int& j = b;
```

範例 9.4.3 傳參考呼叫

兩數交換，使用傳參考呼叫。

```
 1  #include <iostream>
 2  using namespace std;
 3  void swap(int&, int&);            // 宣告函數原型 swap
 4  int main()
 5  {
 6      int a, b;
 7
 8      cout << "輸入 a, b 兩個整數 ";
 9      cin >> a >> b;
10      swap(a, b);                   // 以 a, b 為引數，呼叫 swap 函數
11      cout << "兩個整數交換後 a = " << a << "\tb = " << b << endl;
12
13      return 0;
14  }
15
16  void swap(int& i, int& j)         // 定義 swap 函數，使用傳參考呼叫傳遞參數
17  {
18      i ^= j ^= i ^= j;             // 交換 i, j 兩數，因為使用傳參考呼叫，引數 a, b 的值會和參數 i, j 的值一起改變
19  }
```

執行結果

```
輸入 a, b 兩個整數 2 6
兩個整數交換後 a = 6    b = 2
```

9.5 使用指標之字串

字串也可以使用指標來表示，使用指標之字串的宣告和初始化格式如下

```
char* 字串名稱;                    或     char* 字串名稱 = "字串常數";
字串名稱 = "字串常數";
```

例如：

```
char* str;                         或     char* str = "Hello";
str = "Hello";
```

str 是一個字元指標，指向字串的起始位址，如下圖，若字串 "Hello" 的記憶體起始位址為 1600，則 str 之值為 1600，表示指向位址 1600，此位址儲存字元 'H'，也是字串 "Hello" 的起始位址。

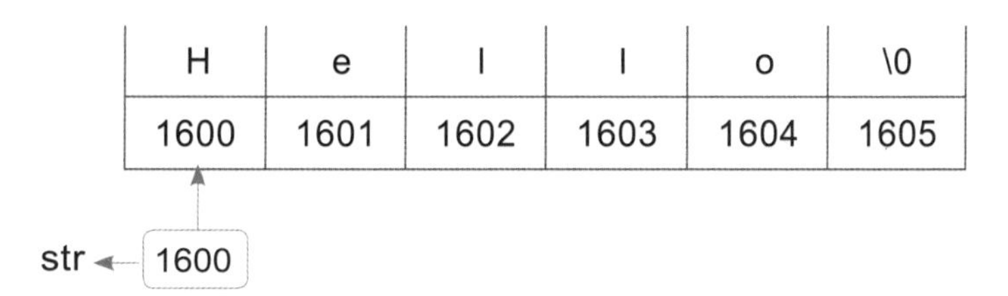

使用指標表示字串，不需預先宣告陣列大小，也可以容易地操作字串內的字元。例如：下面程式碼可將字串 str 改成 "Hi"。

```
*str = 'H';
*(str + 1) = 'i';
*(str + 2) = '\0';
```

範例 9.5 字串合併

使用者輸入兩個字串後，將此兩個字串合併後輸出。

```
 1  #include <iostream>
 2  using namespace std;
 3
 4  char* strcat(char*, char*);          // 宣告函數原型 strcat
 5  int main ()
 6  {
 7     int n = 50;
 8     char str1[n], str2[n];
 9     cout << "輸入一個字串：";
10     cin.getline(str1, n);             // 從鍵盤一次讀取一整列字串，
11     cout << "輸入另一個字串：";        // 並分別指定給字串 str1, str2
12     cin.getline(str2, n);
13
14     cout << strcat(str1, str2);       // 呼叫 strcat 函數，並將引數 str1, str2 字串傳遞給函數
15     return 0;
16  }
17  char* strcat(char* s1, char* s2)     // 定義指標函數 strcat，指標 s1, s2 為參數。char* strcat 表示函數的回傳值是一個指標
18  {
19     char* str = s1;                   // 宣告一個指向 s1 的指標 str
20
21     while (*s1)
22        s1++;                          // 當 s1 的值不是空字元時，指標 s1 會不斷指向下一個位址
23     while (*s1++ = *s2++) ;           // 將字串 s2 串接到字串 s1 的後面
24     return str;                       // 回傳串接好之字串 str 的位址
25  }
```

執行結果

```
輸入一個字串：hello
輸入另一個字串：world
hello world
```

程式說明

◆ 第 7-8 行

宣告兩個字串 str1, str2，字串長度最多 49 個字元。

◆ 第 10, 12 行

從鍵盤一次讀取一整列字串，並分別指定給字串 str1, str2。

◆ 第 17 行

定義函數 strcat，可將參數內的字串 s1, s2 串接起來，再將串接好的字串回傳給 main() 函數。

◆ 第 19 行

宣告一個字元指標 str，指向字串 s1，str 用來傳回串接完成的字串，函數內的敘述並不會更動 str 的值。

◆ 第 21 - 22 行

當指標 s1 指向的值 *s1 不是空字元時，s1 會加 1，往後指向下一個陣列元素，再判斷 *s1 是否為空字元，如果不是，s1 再加 1，直到 s1 指向字串結尾的空字元。執行過程如右圖

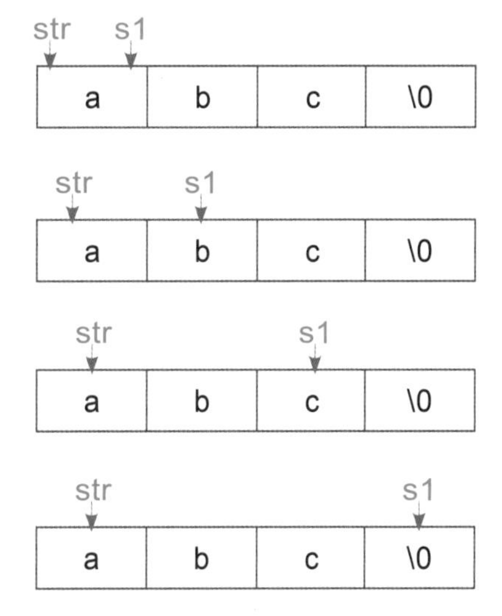

◆ 第 23 行

1. while 的判斷式是 *s1++ = *s2++，會先執行 *s1 = *s2，再執行 s1++ 及 s2++。
2. while 判斷式外只有分號 ;，表示什麼都不做，所以此行敘述只執行判斷式。
3. 若 s1 = "abc"，s2 = "de "，執行完第 23 行後，指標 s1 和 s2 的位置如下。

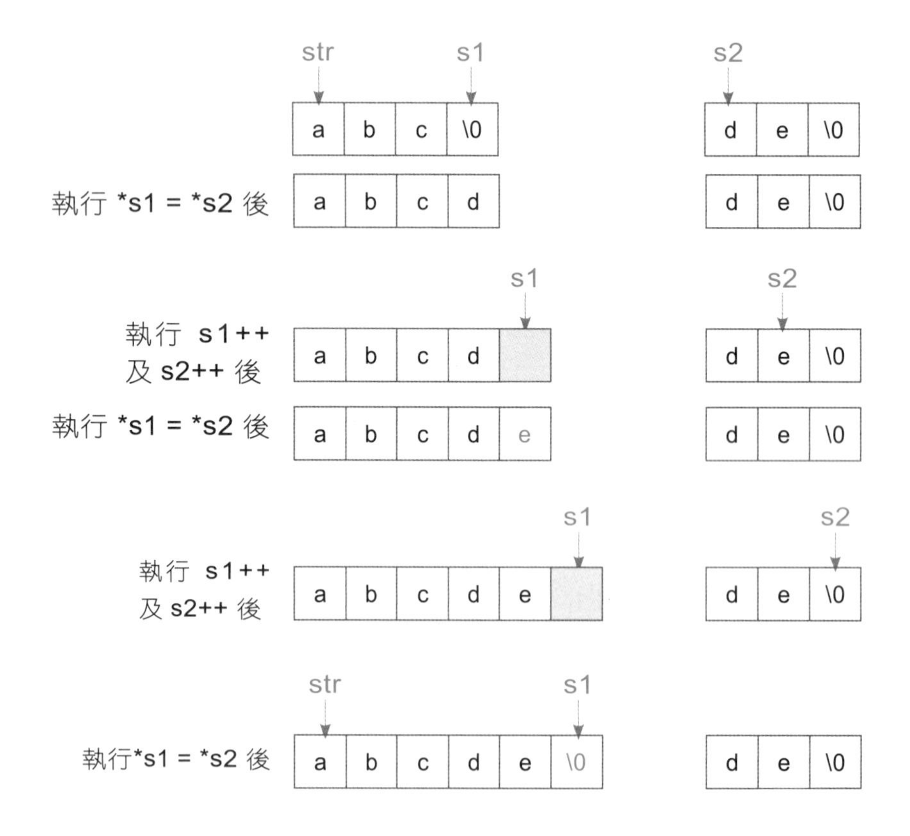

4. while (*s1++ = *s2++) 會以 s1 是否為空字元作為條件式，決定是否繼續執行迴圈。此時 s1 = '\0'，所以會結束 while 迴圈。

◆ 第 24 行

將字串 str 傳回 main() 函數，也就是將字串 "abcde" 傳回。

指標是 C/C++ 語言的精華，想成為一個專精的程式設計師，熟悉並善用指標，是不可或缺的能力。本書僅介紹指標的基本概念，如果有興趣，可進一步深入專研相關主題。多用是熟悉指標的不二法門，越常用越能得心應手。

學習挑戰

一、選擇題

1. (　　) 若變數 var 的位址為 2001，執行下列敘述後，下列何者不正確？

   var = 5; foo = &var; tmp = var;

   (A) &var 等於 2001　　(B) foo 等於 2001
   (C) tmp 等於 5　　(D) &foo 等於 5

2. (　　) 下列何者能作為宣告某一變數的別名？

   (A) *　　(B) &　　(C) |　　(D) &*

3. (　　) 執行下列敘述後，a, b 之值分別為

   int b = 5; int& a = b; a = 0; b = 1;

   (A) 0, 5　　(B) 5, 0　　(C) 1, 1　　(D) 0, 5

4. (　　) 下列何者可表示空指標？

   (A) 0　　(B) '\0'　　(C) \0　　(D) NIL

5. (　　) 若 myvar 的位址為 101，執行下列敘述後，&*ptr 之值為

   int myvar = 5; int* ptr = &myvar; myvar = 10;

   (A) 5　　(B) 101　　(C) 10　　(D) 96

6. (　　) 若陣列 a 的位址為 101，執行下列敘述後，p + 5 之值為何？

   int a[5]; int* p = a;

   (A) 101　　(B) 106　　(C) 121　　(D) 111

7. (　　) 執行下列敘述後，下列何者的值會和其他不同？

   int a[5]; int* p = a;

   (A) &a[0]　　(B) *p　　(C) a　　(D) p

8. (　　) 執行下列敘述後，str 之值為何？

```
char* str = "Hello";
*(str + 2) = '\0';
```

(A) "He"　(B) "Hel"　(C) "Hell"　(D) "Hello"

9. (　　) 下列敘述何者正確？

(A) &(a + 2);　(B) int x = 100; *ptr = x;

(C) int* ptr; *ptr = 100;　(D) int* ptr = NULL;

10. (　　) 執行下列程式碼後，a 和 *ptrb 的值為何？

```
int a = 3, b = 5;
int* ptra = &a, * ptrb = &b;
*ptra = 7;  b = *ptra + *ptrb;
```

(A) 3 5　(B) 7 5　(C) 7 8　(D) 7 12

二、填充題

1. 若 x, y, ptr 的位址分別為 100, 200, 300，執行下列敘述後，

```
int x = 3, y = 6;
int* ptr = &x;
y = *ptr; x = ptr; *ptr = 8;
```

x =________, y =________, ptr =________, *ptr =________

2. 若 a = 1, b = 2，使用 f(&a, b); 呼叫下列函數後，a =________, b =________

```
void f(int* i, int j){
    *i = 6; j = 8
}
```

3. 將變數 n 使用傳參考呼叫，傳給函數 fun 的參數 m，空格內應填入

fun (______);　　　　void fun(int_____)

CHAPTER 10

實例研究

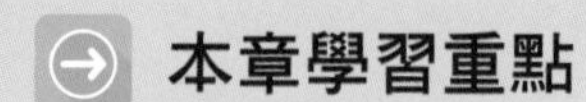

- 檔案資料的讀取與寫入
- 線段覆蓋的總長
- 矩陣的翻轉與旋轉
- 大整數的處理

10.1 檔案資料的讀取與寫入

前面單元都是以螢幕的輸入輸出為主，當資料複雜或需要批次處理時，螢幕的輸入輸出會很不方便，此時可將資料存入檔案，再使用程式讀取檔案內的資料；輸出的資料也可以透過程式，寫入檔案，待程式執行完後，再開啟檔案，檢視輸出的資料。

C++ 檔案的輸入與輸出是使用資料流 (stream) 的方式來處理，使用檔案時，要先引入與檔案操作有關的檔案流 (file stream) 標頭檔 <fstream>。檔案處理的基本步驟如下

開啟檔案 → 讀取或寫入檔案 → 關閉檔案

讀取檔案資料時，可宣告一個變數為 ifstream 物件，寫入資料到檔案時，則可宣告一個變數為 ofstream 物件，再與所要輸入或輸出的檔案產生關連。讀取檔案資料相關的語法如下

```
1  #include <iostream>
2  #include <fstream>
3  int main ()
4  {
5      ifstream fin("d.txt");      // 建立一個和 d.txt 檔案相關連的 ifstream 物件 fin
6      if (fin)                    // 若開檔案成功，fin 為非 0；失敗，fin 為 0
7      {
8          int value;
9          char str[60], letter;
10
11         fin >> str;             // 從檔案讀取一個字串 str
12
13         fin >> value;           // 從檔案讀取一個整數 value
14
```

```
15        fin >> letter;             略過開頭的空白，讀取一個字元 letter
16
17        fin.getline(str, 60);      讀取一個字串 str，直到碰到 enter 或
                                     檔案結尾，或讀到 59 個字元（最後
                                     一個為 '\0'）就停止
18        fin.close();
19     }                             關閉檔案
20     else
21        cout << " 檔案開啟失敗 " << endl;
22  }
```

將資料寫入檔案的相關語法如下

```
1  #include <iostream>
2  #include <fstream>
3  int main()
4  {
5     ofstream fout("d.txt");        建立一個和 d.txt 檔案相關
                                     連的 ofstream 物件 fout
6     if (fout) {                    若檔案開啟成功，fout 為非 0；失敗，fout 為 0
7        int value;
8        char str[60];
9
10       fout << str;                輸出一個字串 str 到檔案
11
12       fout << value;              輸出一個整數 value 到檔案
13       fout.close();               關閉檔案
14    }
15    else
16       cout << " 檔案開啟失敗 " << endl;
17 }
```

10.2 線段覆蓋的總長 201603 APCS 第 3 題

若數對 (a, b) 是直線座標上 a, b 兩點間的線段，給定一串數對，請寫一程式，能計算出這些線段所覆蓋的總長度，請注意，重疊的線段只能計算一次。例如：(2, 6)、(1, 4)、(8, 10) 三個線段，覆蓋的總長度 7。

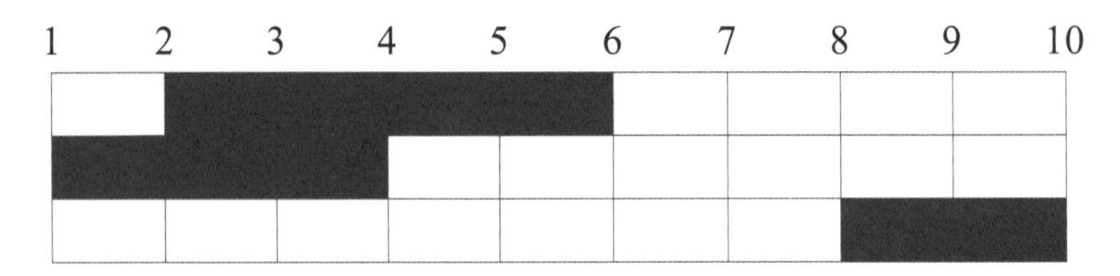

輸入：資料檔的第一列是一個正整數 n (n < 10000)，表示有 n 個線段。之後有 n 列整數數對，每列有 2 個以空格隔開且介於 0 與 10000000 間的整數值，代表線段的開始與結束座標。如左下例，第一列的 5 表示有 5 個線段，分別是第 2~6 列的 (160, 180), (300, 330), (190, 210), (280, 300), (150 200)。右下例則只有 1 個數對 (80, 80)。

```
5               1
160 180         80 80
300 330
190 210
280 300
150 200
```

輸出：覆蓋的總長度，例如：上面兩個例子，會輸出 110 和 0。

解題方法

1. 可使用一個整數陣列 c，來表示所有覆蓋的線段。元素設為 1 表示有線段覆蓋，0 則無覆蓋。最後再使用迴圈，將所有線段加總。
2. 先宣告陣列 c 大小為 1,000，初始值設為 0，表示每點均尚未被覆蓋。
3. 若座標上某點被覆蓋，將以該座標為索引之陣列值設為 1。例如：(2, 5)，表示點 2, 3, 4 均被覆蓋，所以 c[2] = 1, c[3] = 1, c[4] = 1。

4. 解題虛擬碼如下

```
開啟檔案 (2.txt);                              ifstream fin( "2.txt ")
if (開啟檔案成功) {                             if (fin)
    讀取檔案第一列的整數 n;                     fin >> n;
    for (i = 0; i < n; i++) {
        讀取數對 a, b;                          fin >> a >> b;
        將索引 a~b - 1 的元素值設為 1;          for (j = a; j < b; j++) c[j] = 1;
    }
加總所有陣列元素的值;                           for (i = 0; i < M; i ++) len += c[i];
輸出加總的值;
關閉檔案;                                       fin.close()
}
else 輸出開啟檔案失敗;
```

```
1  #include <iostream>
2  #include <fstream>
3  using namespace std;
4  int main()
5  {
6     int M = 1000;                          M 為陣列的大小
7     int len  = 0, i, j, n, a, b;           陣列 c 儲存各點是否被覆蓋的狀
8     int c[M] = {};                         態，初始值為 0，表示尚未被覆蓋
9     fstream fin("2.txt");                  開啟檔案
10    if (fin){                              開啟檔案成功
11       fin >> n;                           讀取檔案第一列的整數 n
12       for (i = 0; i < n; i++) {
13          fin >> a >> b;                   讀取數對 a, b;
14          for (j = a; j < b; j++) c[j] = 1;  將索引 a~b - 1
15       }                                     的元素值設為 1
16       for (i = 0; i < M; i ++) len += c[i];  加總所有陣列元素的值
```

```
17            cout << len;
18            fin.close();
19        }
20        else
21            cout << "開啟檔案失敗！" << endl;
22        return 0;
23    }
```

上例中，當陣列很大時，如 M > 10,000,000 時，程式一執行，就會立刻停止。這是因為陣列太大，編譯器所配置的記憶體空間不足，解決的方法是宣告時，不要預先宣告好陣列，而是用動態陣列的方式，先宣告一個指標，再使用 new 指令配置一塊記憶體給陣列，並將此指標指向此記憶體位置。

```
int* c = new int[10000000];
    // 動態陣列，程式不會停止
```

請注意，動態配置的記憶體空間不再使用時，應該使用 delete [] c 指令，將配置給陣列 c 的記憶空間歸還系統。因此範例 10.2 可修正如下

第 8 行改成	`int* c = new int[M];`
第 21-22 行中間加一行	`delete [] c;`

動態配置陣列大小的另一個方法是使用向量 vector（可參考 6.5 節），程式碼可修改如下：

第 3 行先引入標頭檔	`#include <vector>`
第 6 行更改 M 值為	`int M = 10000000;`
第 8 行陣列宣告改為	`vector<int> c(M);   // 注意：不能使用 c[M]`

10.3 矩陣的翻轉與旋轉 201603 APCS 第 2 題

矩陣的翻轉與旋轉兩種操作定義如下：

1. 翻轉：矩陣的第一列與最後一列交換、第二列與倒數第二列交換，依此類推。例如：

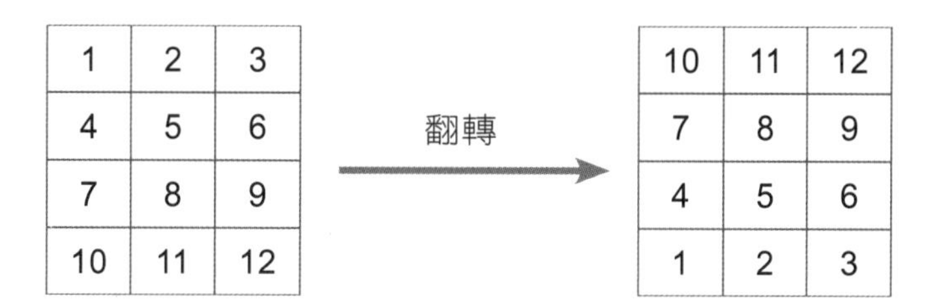

2. 旋轉：矩陣全部的元素以順時針方向旋轉 90 度。例如：

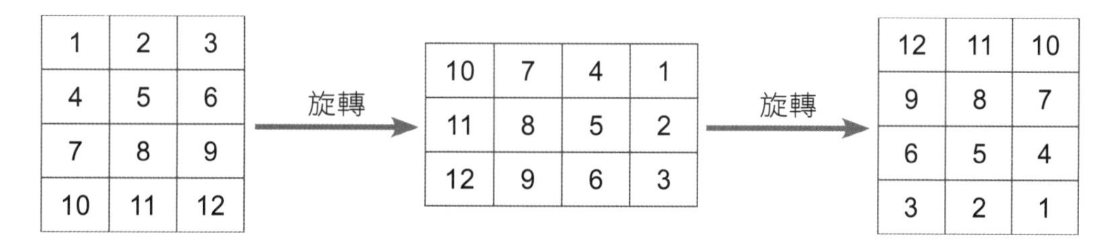

某矩陣經過一連串的翻轉與旋轉操作後，得到一個已知的矩陣。寫一程式，能找出此已知矩陣之原始矩陣。

輸入：第一列有三個 1~10 的正整數，前兩個整數代表矩陣的大小，第三個整數則為矩陣操作的次數。第二列至倒數第二列為矩陣經過操作後所得的值，最後一列則為矩陣操作的方式，其中 1 代表翻轉，0 則代表旋轉。

如下例，第一列的 3 2 3 表示有一個 3×2 的矩陣，經過 3 次操作。第 2~4 列表示矩陣經過 3 次操作後，所得的矩陣。最後一列的 1 0 0 則表示此矩陣經過翻轉、旋轉、旋轉三次操作。

```
3 2 3
1 1
3 1
1 2
1 0 0
```

輸出：第一列包含兩個正整數，代表矩陣的列數和行數。第二列以後則表示矩陣之值。如上例，正確輸出如下，其中第一列的 3 2 表示初始矩陣的大小是 3×2，第二列以後則為此矩陣的值。

```
3 2
1 1
1 3
2 1
```

解題方法

1. 我們可以使用陣列資料結構來表示矩陣，解題的虛擬碼如下

```
開啟檔案 (3.txt);
if (開啟檔案成功) {
    讀取第 1 列的三個整數 r, c, n;
    讀取第 2 列開始，共 r 列資料，存入陣列 a;
    讀取最後一列資料存入陣列 op;
    for (i = 0; i < n; i++) {
        if (op[i])
            翻轉陣列
        else
            旋轉陣列；
    }
    輸出新陣列的列數 r 與行數 c;
    輸出新陣列的元素值；
    關閉檔案；
}
else
    輸出開檔失敗；
```

```
fn >> r >> c >> n;
```

```
for (i = 0; i < r; i++)
    for (j = 0; j < c; j++) fn >> a[i][j];
```

```
for (k = 0; k < n; k++) fn >> op[k];
```

2. 翻轉陣列

第一列與最後一列交換、第二列與倒數第二列交換，依此類推。例如：翻轉以下陣列

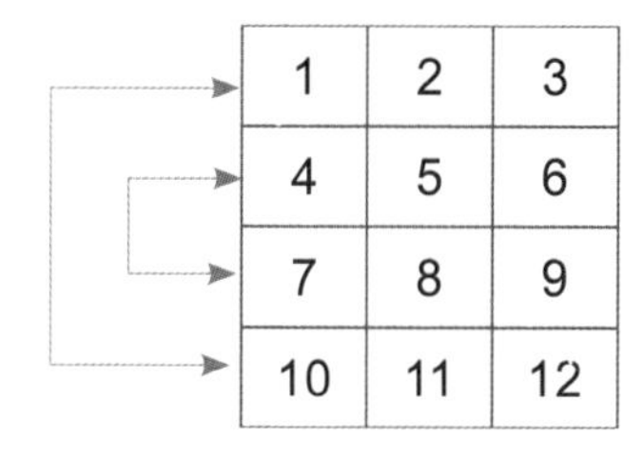

1	2	3
4	5	6
7	8	9
10	11	12

可得

10	11	12
7	8	9
4	5	6
1	2	3

翻轉陣列可使用雙重迴圈，外層迴圈共需交換「列數 / 2」次，所以為迴圈數為 0~r/2 - 1。因為每一列的每一行都要交換，所以內層迴圈數為 0 ~ c - 1。翻轉陣列的虛擬碼如下

```
for (i = 0; i < r / 2; i++)
    for (j = 0; j < c; j++)
        a[i][j] 和 a[r-1-i][j] 交換；
```

3. 旋轉陣列

(1) 陣列旋轉是元素以順時針方向旋轉 90 度，但根據題意，要找的是旋轉前的原始矩陣，所以要將陣列改以逆時針方向旋轉 90 度。

(2) 觀察二維陣列逆時針方向旋轉後，相對位置變化的情形。例如：逆時針旋轉左下方的陣列。

00	01	02	03
10	11	12	13
20	21	22	23

可得

03	13	23
02	12	22
01	11	21
00	10	20

對應的原始位置為

00	01	02
10	11	12
20	21	22
30	31	32

旋轉前後，陣列索引變化的情形如下

a[0][0] ← a[0][3]	a[1][0] ← a[0][2]	a[2][0] ← a[0][1]	a[3][0] ← a[0][0]
a[0][1] ← a[1][3]	a[1][1] ← a[1][2]	a[2][1] ← a[1][1]	a[3][1] ← a[1][0]
a[0][2] ← a[2][3]	a[1][2] ← a[2][2]	a[2][2] ← a[2][1]	a[3][2] ← a[2][0]

根據上面索引轉換的情形，可推得以下通式

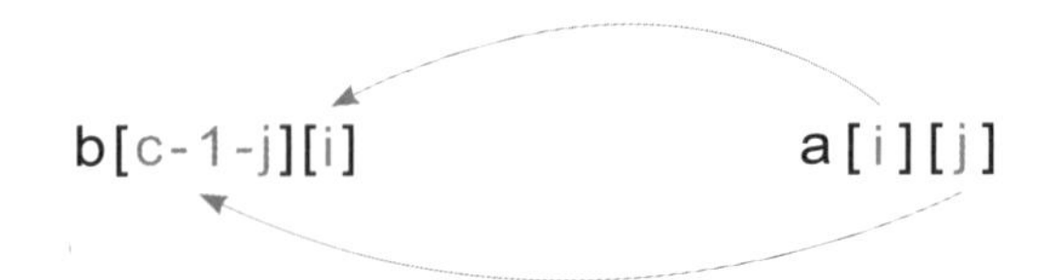

(3) 因此逆時針旋轉陣列時，可將陣列所有元素使用上面通則轉換。為了避免覆蓋原來的資料值，程式宣告一個 b 陣列，用來暫存旋轉過程的元素值。程式碼如下

```
for (i = 0; i < r; i++)
  for (j = 0; j < c; j++)
    b[c-1-j][i] = a[i][j];
```

(4) 陣列旋轉後，列 r 與行 c 的值必需互換，例如：4×3 的陣列旋轉後，會得到一個 3×4 的陣列。

(5) 旋轉完成後，需將陣列 b 的資料複製到陣列 a。程式碼如下

```
for (i = 0; i < r; i++)
  for (j = 0; j < c; j++)
    a[i][j] = b[i][j];
```

```
 1  #include <iostream>
 2  #include <fstream>
 3
 4  using namespace std;
 5
 6  int main()
 7  {
 8     int r, c, n, i, j, k;
 9     int N = 10;
10     int a[N][N], b[N][N], op[N];
11
12     ifstream fn("3.txt");
13     if (fn) {
```

b 陣列用來暫存翻轉過程的元素值

```
14        fn >> r >> c >> n;                       讀取第 2 列開始，共 r 列
15        for (i = 0; i < r; i++)                  資料，存入陣列 a
16           for (j = 0; j < c; j++) fn >> a[i][j];
17
18        for (k = 0; k < n; k++) fn >> op[k];     讀取最後一列陣列操作的資料，並存入陣列 op
19
20        for (k = n - 1; k >= 0; k--)
21           if (op[k]){                           如果 op[i] == 1，翻轉陣列
22              for (i = 0; i < r/2; i++)
23                 for (j = 0; j < c; j++)         翻轉陣列
24                    swap(a[i][j], a[r-1-i][j]);
25           }
26           else {                                如果 op[i] == 0，旋轉陣列
27              for (i = 0; i< r; i++)
28                 for (j = 0; j < c; j++)         旋轉陣列。並將旋轉過程的元素值暫存在 b 陣列
29                    b[c-1-j][i] = a[i][j];
30              swap(r, c);                        列 r 與行 c 的值互換
31              for (i = 0; i < r; i++)
32                 for (j = 0; j < c; j++)         將存放在陣列 b 的旋轉資料複製到陣列 a
33                    a[i][j] = b[i][j];
34           }
35        cout << r << " " << c << endl;
36        for (i = 0; i < r; i++) {
37           for (j = 0; j < c; j++)
38              cout << a[i][j] << " ";            輸出陣列 a 的元素值
39           cout << endl;
40        }
41        fn.close();
42     }
43     else
44        cout << "開啟檔案失敗！" << endl;
```

```
45      return 0;
46  }
```

執行結果

```
3 2
1 1
1 3
2 1
```

動動腦

1. 矩陣經過幾次翻轉後，會變回原矩陣？
2. 矩陣經過幾次旋轉後，會變回原矩陣？
3. 矩陣操作中，若 1 代表翻轉，0 代表旋轉。矩陣經過 11110000001111111111 操作後，要找出原矩陣，沒有沒比較快速的方法？

10.4 大整數的處理

整數資料型態 int 或 long 會有大小的限制，例如：unsigned long 的最大值約 42 億，用來處理超過 11 位數的整數時，就會造成錯誤。但程式有時需處理位數極多的整數，例如：200 位數，就無法使用內建的整數資料型態。

解決此類大整數問題的方法之一，是將數字拆解成各個位數，存入陣列後，再一一處理每個元素。寫一程式，使用陣列計算兩個大整數的加、減、乘三種運算。

輸入：檔案內兩個正整數的運算式，運算元及運算子間以空格隔開。例如：

```
12345678901234567890 + 9876543210123456789
```

輸出：兩個正整數的運算結果，總長度不超過 1000 位數。

解題方法

1. 宣告兩個大小為 1000 的陣列 a, b，並將其元素之初始值設為 0，用來存放兩個大整數。陣列大小值 N 可隨時調整。

```
int N = 1000;
int a[N] = {}, b[N] = {};
```

2. 根據題意，本題所需的函數如下

```
void dump(int a[], int r);      // 輸出陣列 a 所表示的整數值
void add(int a[], int b[]);     // 陣列 a 與陣列 b 所表示的兩數相加
int larger(int a[], int b[]);
    // 陣列 a 所表示的整數是否大於陣列 b 所表示的整數
void sub(int a[], int b[]);
    // 陣列 a 與陣列 b 所表示的兩數相減
void multi(int a[], int b[]);
    // 陣列 a 與陣列 b 所表示的兩數相乘
```

3. 主函數的虛擬碼如下

```
int main() {
    開啟檔案 (4.txt);
    if ( 開啟檔案成功 ) {
        讀取檔案內的兩個正整數運算式 s1,op,s2;  ── fin >> s1 >> op >> s2
        將字串 s1, s2 的字元轉成數值後，存入陣列 a, b 中；
        switch (op) {
            case '+' : add(a, b); break;
            case '-' :
                if (a 值 > b 值 )  ── larger(a, b) 函數
                  sub(a, b);
                else {
                  輸出 "- ";  ── 輸出負號 -
                  sub(b, a);
                }
                break;
            case '*' : multi(a, b); break;
        }
        關閉檔案；
    }
    else 輸出開檔失敗；
    return 0;
}
```

4. 兩陣列表示之值比較大小 (larger 函數)

(1) 運算元是 - 號時，先設計一個函數 int larger(int a[], int b[])，判斷兩陣列所代表的數值何者較大。若 a 值較大，傳回 1，否則傳回 0。

(2) 若 a 值大於 b 值，則呼叫 sub(a, b) 函數，否則先輸出 "- " 號，再呼叫 sub(b, a) 函數。sub 函數的第一個參數會大於第二個參數。

(3) 比較陣列所代表的兩數時，可由陣列最後一個元素往前，一一比較，直到其中一者不為 0，再傳回 a[i] > b[i] 比較結果的布林值，所以 larger 函數的程式碼如下

```
int i = N - 1;
while (!(a[i] || b[i])) i--;
   // a[i], b[i] 都為 0 時，i 會反複 -1，直到其中一者不為 0
return a[i] > b[i];
   // 如果 a[i] > b[i] 傳回 1，否則傳回 0
```

5. 將字串 s1, s2 的字元轉成數字後，存入陣列 a, b 中

(1) 陣列運算是以由左而右較方便，所以先將字串以反方向存入陣列。

(2) 字串之字元的型態是 char，為了方便運算，可使用「字元 - '0'」將字元轉成整數。

(3) 若 lena, lenb 為字串 s1, s2 的長度，字串存入陣列的過程如下圖所示

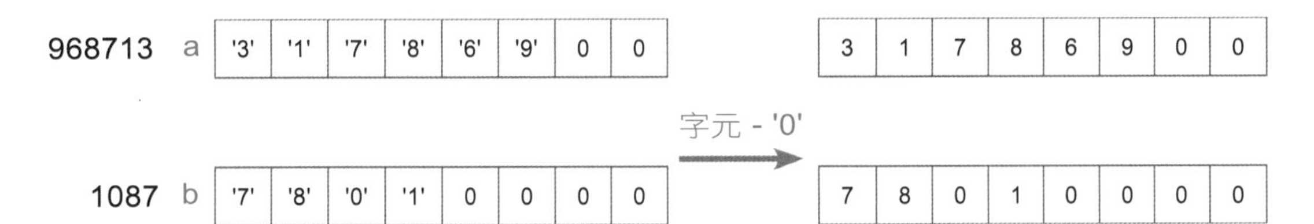

(4) 對應的程式碼如下

```
lena = s1.length();
lenb = s2.length();
for ( i = 0; i < lena; i++)
   a[lena-1-i] = s1[i] - '0';
for ( i = 0; i < lenb; i++)
   b[lenb-1-i] = s2[i] - '0';
```

6. 輸出陣列所表示的整數值 (dump 函數)

(1) 輸出陣列所表示的整數時，需從陣列的最高位開始顯示，且需將前導的 0 移除，如下圖，輸出的整數為 973800。

0	0	8	3	7	9	0	0

(2) 對應的程式碼如下

```
i = r - 1;  // 陣列的大小為 r
while (!a[i] &&  i > 0) i--;
   /* 當 a[i] 為 0 時，i 會一直減 1，直到 a[i] 不為 0。
   注意，若輸出的值是 0 時，i 會遞減到 -1，所以必需增加條件
   i > 0，讓最後的 i 值為 0，這樣下一行程式就可以輸出 0 了。*/
while (i >= 0) cout << a[i--];
   // 當 i 值不小於 0 時，輸出 a[i]，然後 i 減 1，直到 i 小於 0
```

7. 兩數相加 (add 函數)

(1) 宣告一個大小為 N 的陣列 c，元素值預設為 0，用來存放運算結果。

(2) 宣告一個變數 carry，用來存放進位值，預設為 0，即 int carry = 0。

(3) 兩數相加時，可使用迴圈，將陣列 a, b 之元素值及進位值 carry 一一相加，並存放在陣列 c，即 c[i] = a[i] + b[i] + carry。

(4) 相加後的進位值 carry 為 c[i] 除以 10 的商 (carry = c[i] / 10)。取出的值則為 c[i] 除以 10 的餘數 (c[i] = c[i] % 10)。

(5) 對應的程式碼如下

```
carry = 0;
for (i = 0; i < N;  i++)
{
    c[i] = a[i] + b[i] + carry;
    carry = c[i] / 10;
    c[i] %= 10;
}
```

8. 兩數相減 (sub 函數)

(1) 兩數相減的方法和加法相似。宣告一個大小為 N 的陣列 c，元素值預設為 0，用來存放運算結果。

(2) 宣告一個變數 borrow，用來存放借位值，預設為 0。即 int borrow = 0。

(3) 兩數相減時，可使用迴圈，將 a, b 陣列之元素及借位值 borrow 一一相減，即 c[i] = a[i] - b[i] - borrow。

(4) 若 c[i] < 0，要向下一位借 10，所以 c[i] = c[i] + 10，借位值 borrow 也要設為 1。否則 (c[i] >= 0)，借位值設為 0。

(5) 對應的程式碼如下

```
for (i = 0; i < N;  i++)
{
    c[i] = a[i] - b[i] - borrow;
    if (c[i] < 0){
       c[i] += 10;
       borrow = 1;
    }
    else
       borrow = 0;
}
```

9. 兩數相乘 (multi 函數)

(1) 以 9999×99 為例，使用直式乘法的過程如下

	9	9	9	9
x			9	9
	81	81	81	81
81	81	81	81	
81	162	162	162	81
81	162	162	170	1
	162	179	0	
81	179	9		
98	9			
	取9進17	取9進17	取9進17	取1進8

(2) 因為陣列元素能儲存三位數以上的數值，所以先將每個位數相乘的結果，暫存在陣列內，然後再對陣列元素進行一次性的取值與進位處理。

(3) a[i] * b[j] 的結果會放到 c[i+j]。若 a[i] 為 0，使用 continue 指令直接做下一個位數，節省時間。每個位數相乘的程式碼如下

```
if (!a[i]) continue;
for (i = 0; i < N;  i++)
   for (j = 0; j < N;  j++)
      c[i+j] += a[i] * b[j];
```

(4) 如上例，先將 81, 162, 162, 162, 81 存到陣列 c，再一一處理取值與進位，81 取 1 進 8；8 + 162 = 170，取 0 進 17；17 + 162 = 179，取 9 進 17；17 + 162 = 179，取 9 進 17；17 + 81 = 98 取 8 進 9。所以取出的值分別是 109989，將此數反轉，989901 就是乘積了。

(5) c[i] % 10 可取出陣列 c 每個元素的值，陣列下一個元素 c[i+1] 的值會變成 (c[i+1] + c[i]) / 10。取值與進位的程式碼如下

```
for (i = 0; i < N;  i++)
{
    c[i+1] += c[i] / 10;
    c[i] %= 10;
}
```

```
 1  #include <iostream>
 2  #include <fstream>
 3  #include <string>
 4  using namespace std;
 5  int N = 1000;
 6
 7  void dump(int a[], int r)                    // 輸出陣列所表示的整數值
 8  {
 9     int i = r - 1;
10     while (!a[i] && i > 0) i--;               // 不輸出陣列前導的 0。i > 0 可讓 0 值正確輸出
11     while (i >= 0) cout << a[i--];            // 反向輸出陣列元素的值
12     cout << endl;
13  }
14
15  int larger(int a[], int b[])                 // 比較 a, b 兩值的大小，若 a > b 傳回 1，否則傳回 0
16  {
17     int i = N - 1;
18     while (!(a[i] || b[i])) i--;              // 兩陣列由最後一個元素往前一一比較，直到其中一者不為 0
19     return a[i] > b[i];                       // 傳回 a[i] 是否大於 b[i] 的布林值
20  }
21
22  void add(int a[], int b[])                   // 兩大整數相加
```

```
23  {
24     int c[N] = {}, carry = 0, i;
25     for (i = 0; i < N; i++)
26     {
27        c[i] = a[i] + b[i] + carry;   // 兩陣列元素逐一相加，並加上進位值
28        carry = c[i] / 10;            // 進位值為陣列元素值除以 10 的商
29        c[i] %= 10;                   // 陣列元素值只取個位數
30     }
31     dump(c, N);
32  }
33
34  void sub(int a[], int b[])          // 兩大整數相減
35  {
36     int c[N] = {}, borrow = 0, i;
37     for (i = 0; i < N; i++)
38     {
39        c[i] = a[i] - b[i] - borrow;  // 兩陣列元素逐一相減，並減掉借位值
40        if (c[i] < 0)
41        {
42           c[i] += 10;                // 向下一位借 10
43           borrow = 1;
44        }
45        else
46           borrow = 0;                // 借位值設為 0
47     }
48     dump(c, N);
49  }
50
51  void multi(int a[], int b[])        // 兩大整數相乘
52  {
```

```
53      int c[N] = {}, i, j;
54      for (i = 0; i < N; i++)
55      {
56         if(!a[i]) continue;                  若 a[i] 為 0，直接做下一個位數
57         for (j = 0; j < N; j++)
58            c[i+j] += a[i] * b[j];            a, b 兩陣列元素逐一相乘，並將結果存到 c[i+j]
59      }
60      for (i = 0; i < N; i++)
61      {
62         c[i+1] += c[i] / 10;                 將進位值加到陣列的下一個元素
63         c[i] %= 10;                          陣列元素值只取個位數
64      }
65      dump(c, N);
66   }
67
68   int main()
69   {
70      string s1, s2;
71      char op;
72      int i, lena, lenb;
73
74      ifstream fin("4.txt");
75      if (fin)
76      {
77         int a[N] = {}, b[N] = {};
78
79         fin >> s1 >> op >> s2;
80
81         lena = s1.length();
82         lenb = s2.length();                  設變數 lena, lenb 為字串 s1, s2 的長度
```

```
83        for (i = 0; i < lena; i++)
84           a[lena-1-i] = s1[i] - '0';
85        for (i = 0; i < lenb; i++)
86           b[lenb-1-i] = s2[i] - '0';
87        switch (op)
88        {
89           case '+' : add(a, b);
90              break;
91           case '-' :
92              if (larger(a, b))
93                 sub(a, b);
94              else
95              {
96                 cout << "-";
97                 sub(b, a);
98              }
99              break;
100          case '*' : multi(a, b);
101             break;
102       }
103       fin.close();
104    }
105    else
106       cout << "開啟檔案失敗！" << endl;
107    return 0;
108 }
```

將字串 s1,s2 的字元轉成數字後，以相反方向存入陣列 a,b 中

若陣列 a 的數值大於等於陣列 b 的數值

陣列 a 的數值小於陣列 b 的數值

將較大的數值放在 sub 函數的第一個參數

動動腦

此例中，陣列元素使用 10 進位進行運算，記憶體空間無法充分運用，可否改成其他進位方式？例如：10,000 進位，解題的演算法要如何設計？

Hello！C++程式設計--第三版(培養「大學程式設計先修檢測 APCS」的實力)

作　　者：蔡志敏
審　　校：杜玲均 / 涂益郎 / 陳瑞宜
企劃編輯：江佳慧
文字編輯：詹祐甯
設計裝幀：張寶莉
發 行 人：廖文良

發 行 所：碁峰資訊股份有限公司
地　　址：台北市南港區三重路 66 號 7 樓之 6
電　　話：(02)2788-2408
傳　　真：(02)8192-4433
網　　站：www.gotop.com.tw
書　　號：AEL026300
版　　次：2022 年 10 月二版
　　　　　2024 年 04 月二版五刷
建議售價：NT$400

國家圖書館出版品預行編目資料

Hello！C++程式設計(培養「大學程式設計先修檢測 APCS」的實力) / 蔡志敏著. -- 二版. -- 臺北市：碁峰資訊, 2022.10
面；　公分
ISBN 978-626-324-342-2(平裝)
1.CST：C++(電腦程式語言)
312.32C　　111016227